JN040299

入社1年目からの

できる

イラストで学ぶ

ILLUST
de
MANABU

エクセル
# Excel

きたみあきこ&できるシリーズ編集部●著

インプレス

## ご購入・ご利用の前に必ずお読みください

本書は、2021年8月現在の情報をもとに「Microsoft 365」のExcelの操作について解説しています。下段に記載の「本書の前提」と異なる環境の場合、または本書発行後に「Microsoft 365」のExcelの機能や操作方法、画面などが変更された場合、本書の掲載内容通りに操作できない可能性があります。本書発行後の情報については、弊社のホームページ（https://book.impress.co.jp/）などで可能な限りお知らせいたしますが、すべての情報の即時掲載ならびに、確実な解決をお約束することはできかねます。本書の運用により生じる、直接的、または間接的な損害について、著者ならびに弊社では一切の責任を負いかねます。あらかじめご理解、ご了承ください。なお、本書はフィクションであり、書籍内や練習用ファイル内の実在の人物や団体などとは関係ありません。

本書で紹介している内容のご質問につきましては、巻末をご参照の上、お問い合わせフォームかメールにてお問い合わせください。電話やFAXなどでのご質問には対応しておりません。また、本書の発行後に発生した利用手順やサービスの変更に関しては、お答えしかねる場合があることをご了承ください。

### ●練習用ファイルについて

本書で使用する練習用ファイルは、弊社Webサイトからダウンロードできます。
練習用ファイルと書籍を併用することで、より理解が深まります。詳しくは10ページを参照してください。

▼練習用ファイルのダウンロードページ
https://book.impress.co.jp/books/1121101031

### ●本書の前提

本書では「Windows 10」に「Microsoft 365 Personal」がインストールされているパソコンで、インターネットに常時接続されている環境を前提に画面を再現しています。そのほかのExecl 2019、2016などの場合、一部画面や操作が異なることがあります。

# まえがき

Excelは、業務に欠かせないアプリです。しかし、「Excel
で何ができるのか分からない」「機能がたくさんあるから
覚えきれない」「計算が苦手だから自分にExcelはムリ」、
などと感じている方もいるのではないでしょうか。

本書の主人公の栞さんもその1人です。Excelが大の苦手
で、教育係の先輩に渡された表に触るのもおっかなびっく
りです。その様子を見た猫のミケは、栞さんにExcelを教
えることになりました。皆さんも栞さんやミケと一緒に
Excelを学んでみませんか？

Excelには膨大な機能がありますが、ビジネスシーンでよ
く使われる"マストの機能"はごく一部です。本書では、そ
んなマストの機能をかわいいイラストとともに分かりやす
く解説します。計算が苦手な人も大丈夫、栞さんがいだく
疑問を1つずつ解決しながら、また教育係の先輩に与えら
れた課題を1つずつクリアしながら、楽しく学習を進めら
れるでしょう。Excelの業務のさまざまな場面において、
本書がお役に立てば幸いです。

2021年8月　きたみあきこ

# CONTENTS

# 第 2 章 表作成最初の一歩 入力作業のコツをつかもう

第 **4** 章  Excelの醍醐味
数式と関数で業務を効率化

# 第 5 章 視覚に訴えるグラフと条件付き書式の活用

# 第6章 最後まで気を抜かずに データの印刷と配布

## 練習用ファイルの使い方

本書では、解説している内容を手を動かしながら確認できる練習用ファイルを用意しているよ！ 以下のWebページにアクセスし、Webページの下のほうにある[ダウンロード]の項目の「501259.zip」をクリックしてダウンロードしてね。

練習用ファイルダウンロードページ
# https://book.impress.co.jp/books/1121101031

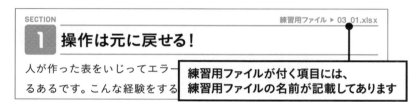

練習用ファイル ▶ 03_01.xlsx

SECTION
1 操作は元に戻せる！

人が作った表をいじってエラー～
るあるです。こんな経験をする～

練習用ファイルが付く項目には、
練習用ファイルの名前が記載してあります

練習用ファイルの「501259.zip」はそのままでは利用できないから、右クリックしてメニューの[すべて展開]をクリックして解凍してね。

ダウンロードしたZIPファイルを展開して、フォルダー内のExcelファイルを開いたら、警告が表示されちゃった！

これはセキュリティ上問題があるファイルをすぐに開いてしまわないようにするために表示される警告だよ。本書の練習用ファイルは安全だから[編集を有効にする]をクリックしてね。

| ダウンロードしたファイルを開くと警告が表示される | [編集を有効にする]をクリック | ファイルを編集できる状態になった |
| --- | --- | --- |

自動保存 ● オフ 　　　　03_01 - 保護ビュー ▾　　　　🔍 検索　　　　　　　　　　　　かあごきたみ 🅰 🖽 － 🗗 ×

ファイル　ホーム　挿入　ページレイアウト　数式　データ　校閲　表示　ヘルプ　　　　　🖉共有　💬コメント

ⓘ 保護ビュー　注意―インターネットから入手したファイルは、ウイルスに感染している可能性があります。編集する必要がなければ、保護ビューのままにしておくことをお勧めします。　　　　編集を有効にする(E)　×

A1　　　▾　　│　×　✓　fx│　売上分析

A　│　B　│　C　│　D　│　E　│　F　│　G　│　H　│　I　│　J　│　K　│　L

# 第 1 章

# プレ1年生のための基礎知識 Excel基本の「き」

渋谷店の売上高を電卓で合計して入力！

ちょっと待った！表に合計式を入れておけば、Excelが計算してくれるよ。

9+6+4+…

=3

# PROLOGUE

 栞さん、仕事には慣れてきた？

 はい！　先輩のご指導のおかげで商品の知識はバッチリです。いつでも営業にお供できます！

 頼もしいなあ。でも、営業に行くのはもう少し先。その前に、資料作成をお願いしようかな。Excel、使えるよね？

 ……。使えるか、使えないかといったら ……、使ったことはあります…… 。って感じでしょうか……。

 肩慣らしに、先月の売上表から東京エリアのデータを抜き出して、印刷してもらえるかな？　明日の会議で使いたいから。

 はい……。

 ……って、返事したものの、もう20時！　こんなコピペ作業、何時間あったって終わらないよ。猫の手も借りた～い！！

 ニャーオ。栞ちゃん、呼んだ？　部署のみんなはもう帰っちゃったみたいだね。

 あ、ミケ？　残っているのはミケと私の2人だけだよ。あのね、私がこの会社を志望したのは、オフィスで猫ちゃんを飼っているって聞いたからなの。アパートはペット禁止だし……。

ペット扱いは心外だな。ボクは社員のつもりだよ。少なくとも Excelに関しては栞ちゃんのはるか上を行く自信があるからね。

 すごい！　ミケはExcelが得意なんだ。私は全然ダメ。

 よし、いつもおやつをくれるお礼だ。ボクが栞ちゃんにExcel を教えてあげる。会社のみんなに内緒でね！

 ありがとう、ミケ！　あれ、私、ミケとしゃべってる！？　ま、 いいか。

小さいことは気にしないおおらかな栞さんは、こうしてミケにExcelを 教わることになりました。みなさんも一緒に、ExcelのLESSONを進め ましょう。

● 登場人物紹介 ●

**栞**
しおり

元気いっぱいの新入社 員。猫が大好き。やる気 満々だが、数字アレル ギーでExcelが苦手。

**ミケ**

栞の会社に住み着くアイド ル猫。社内をうろつくうち に、ひそかにExcelを身に 付けた！？

**先輩**

入社7年目の社員で、栞 の教育係。Excelが得 意。栞の成長を優しく見 守っている。

# Excel って何？

 ところで、今朝、先輩にExcelの作業を指示されてたよね。売上表から東京エリアのデータを抜き出すってやつ。まだ終わらないの？

 東京エリアのデータが表のあちこちに入力されているんだもん。1件ずつ探しては別シートにコピペするから、時間が掛かっちゃって。

 し、栞ちゃん、そんなの「フィルター」でデータを絞り込んでからコピペすれば一瞬だよ！

SECTION
1

## Excelで何ができるの？

ミケのいうとおり、栞さんの作業はフィルター機能を使えばあっという間に終わります。フィルターとは、表から必要なデータを抽出する機能です。目で探すのと違い、コピー漏れも起こりません。フィルターを知っていれば、栞さんは残業をせずに済みました。仕事を効率化するためには、Excelでどんなことができるかを知っておくことは大切です。

| 日付 | エリア | …… | 売上高 |
|------|--------|------|--------|
| …… | 東京 | …… | …… |
| …… | …… | …… | …… |
| …… | …… | …… | …… |
| …… | 東京 | …… | …… |
| …… | …… | …… | …… |
| …… | …… | …… | …… |
| …… | …… | …… | …… |
| …… | 東京 | …… | …… |
| …… | 東京 | …… | …… |
| …… | …… | …… | …… |
| …… | …… | …… | …… |
| …… | 東京 | …… | …… |

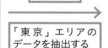
フィルター

「東京」エリアのデータを抽出する

| 日付 | エリア | …… | 売上高 |
|------|--------|------|--------|
| …… | 東京 | …… | …… |
| …… | 東京 | …… | …… |
| …… | 東京 | …… | …… |
| …… | 東京 | …… | …… |
| …… | 東京 | …… | …… |
| …… | 東京 | …… | …… |

フィルターの操作方法は120ページで紹介するよ！

Excelは「表計算アプリ」なので、表を作って計算するだけのアプリだと思っている人がいるかもしれません。もちろん、**Excelは表を作って計算するのが大得意**です。特に計算機能は優秀です。表に数値と合計式を入力しておけば、Excelがその場で合計を出してくれます。しかも便利なことに、数値を修正すると、Excelが即座にありとあらゆる合計を再計算してくれます。電卓には到底真似できない芸当です！

**1** 表に合計式を入力

| 支店 | 4月 | 5月 | 6月 | 合計 |
|---|---|---|---|---|
| 渋谷店 | 9 | 11 | 7 | 合計式 |
| 原宿店 | 6 | 8 | 10 | 合計式 |
| 新宿店 | 4 | 6 | 5 | 合計式 |
| 合計 | 合計式 | 合計式 | 合計式 | 合計式 |

Excelが自動で合計してくれる

| 支店 | 4月 | 5月 | 6月 | 合計 |
|---|---|---|---|---|
| 渋谷店 | 9 | 11 | 7 | 27 |
| 原宿店 | 6 | 8 | 10 | 24 |
| 新宿店 | 4 | 6 | 5 | 15 |
| 合計 | 19 | 25 | 22 | 66 |

**1** 渋谷店の5月の入力ミスを修正

| 支店 | 4月 | 5月 | 6月 | 合計 |
|---|---|---|---|---|
| 渋谷店 | 9 | 11 | 7 | 27 |
| 原宿店 | 6 | 8 | 10 | 24 |
| 新宿店 | 4 | 6 | 5 | 15 |
| 合計 | 19 | 25 | 22 | 66 |

数値を修正すると関連するすべての合計式が即座に再計算される

| 支店 | 4月 | 5月 | 6月 | 合計 |
|---|---|---|---|---|
| 渋谷店 | 9 | 12 | 7 | 28 |
| 原宿店 | 6 | 8 | 10 | 24 |
| 新宿店 | 4 | 6 | 5 | 15 |
| 合計 | 19 | 26 | 22 | 67 |

計算結果の入力は、時間の無駄だったのか……。
ミスも少ないし自動で計算してくれるなんて、
Excelって便利！

優秀な計算機能を持つExcelですが、Excelを数値の計算に使うだけではもったいない！　Excelの機能は実に多彩なのです。

例えば、データベース機能。データベースには、「データを貯める」「貯めたデータから必要なデータを必要な形で取り出して活用する」という2つの側面がありますが、Excelはどちらも得意です。Excelにはデータを効率よく蓄積し、その中から必要な情報を取り出してビジネスに活かすためのさまざまな機能が搭載されています。冒頭で紹介した「フィルター」も、データベース機能の1つです。

データベースって、大量のデータを貯めることじゃないの？

貯めて終わりじゃ意味ないよ。貯めた中から必要なデータを取り出して分析し、ビジネス活動に役立てることが重要なのさ。

●データベース

| 日付 | エリア | …… | 売上高 |
|------|--------|----|--------|
| …… | …… | …… | …… |
| …… | …… | …… | …… |
| …… | …… | …… | …… |
| …… | …… | …… | …… |
| …… | …… | …… | …… |
| …… | …… | …… | …… |
| …… | …… | …… | …… |
| …… | …… | …… | …… |
| …… | …… | …… | …… |
| …… | …… | …… | …… |
| …… | …… | …… | …… |
| …… | …… | …… | …… |
| …… | …… | …… | …… |
| …… | …… | …… | …… |
| …… | …… | …… | …… |
| …… | …… | …… | …… |
| …… | …… | …… | …… |

フィルター

「東京」のデータを抽出してエリアの売上の傾向を分析する

●データの活用

| 日付 | エリア | …… | 売上高 |
|------|--------|----|--------|
| …… | 東京 | …… | …… |
| …… | 東京 | …… | …… |
| …… | 東京 | …… | …… |
| …… | 東京 | …… | …… |
| …… | 東京 | …… | …… |
| …… | 東京 | …… | …… |

集計

| エリア | 売上高 |
|--------|--------|
| 東京 | …… |
| 名古屋 | …… |
| 大阪 | …… |
| 福岡 | …… |

売上高をエリアごとに集計して、重要拠点をあぶり出す

| 商品 | 売上高 |
|------|--------|
| 商品A | …… |
| 商品B | …… |
| 商品C | …… |
| 商品D | …… |

売上高を商品ごとに集計して、注力商品を見極める

Excelは、グラフ作成もお手の物です。数値がズラリと並んだ表から、意味を読み取るのは至難の業。しかし、**グラフにすれば、数値の意味や傾向が一目瞭然**になります。数値の見える化は、過去のデータを分析して今後の計画を立てるのにも役立ちますし、プレゼンテーションでの訴求効果も期待できます。Excelは、さまざまな機能で私たちの業務を支えてくれる心強い味方なのです。

# 2 何はともあれ基本用語を押さえよう

 Excelの本格的なLESSONの前に、基本用語を押さえておこう。

 うわっ！　初めての用語がたくさんある！

 一度に全部覚えなくてもOKさ。忘れたらこのページに戻って確認すれば
いいんだから。

## ▶Excelの画面構成（機能の実行）

画面の上部には、Excelの機能がギュッと詰め込まれています。

**クイックアクセスツールバー**
よく使う機能のボタンが集められている

**リボン**
Excelの機能を実行するためのボタンが並んでいる。ボタンはタブで分類されている

**タブ**
タブをクリックするとリボンに表示されるボタン群が切り替わる

 リボンのボタンの配置や絵柄は、Excelのバージョンやパソコンの解像度によって変わることがあるよ。ボタンにマウスポインターを合わせると、ボタン名が表示されるから、それを参考に操作を進めよう。

## ▶Excelの画面構成（データの入力と表示）

画面中央には、データの入力と表示を行うための場所が広がっています。大きなシートがマス目で区切られており、すぐに表を作成できます。計算式の入力や、グラフの作成もここで行います。

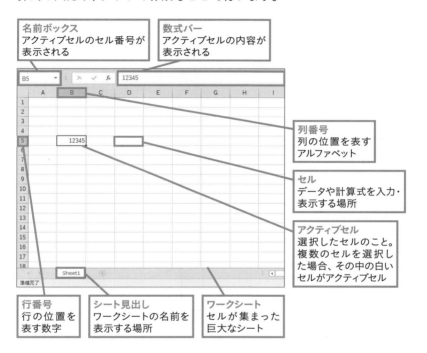

**名前ボックス**
アクティブセルのセル番号が表示される

**数式バー**
アクティブセルの内容が表示される

**列番号**
列の位置を表すアルファベット

**セル**
データや計算式を入力・表示する場所

**アクティブセル**
選択したセルのこと。複数のセルを選択した場合、その中の白いセルがアクティブセル

**行番号**
行の位置を表す数字

**シート見出し**
ワークシートの名前を表示する場所

**ワークシート**
セルが集まった巨大なシート

上の図では、セルB5がアクティブセルだよ。「B5」のことを「セル番号」と呼ぶよ。

セル番号は、列番号と行番号の組み合わせなんだね。

## ▶ブックとワークシートとセルの関係

Excelのファイルのことを「ブック」と呼びます。ブックの中にワークシートが含まれ、ワークシートの中にセルが含まれます。1枚のワークシートには、1,048,576行×16,384列のセルがあります。行は横方向のセルの集合、列は縦方向のセルの集合です。

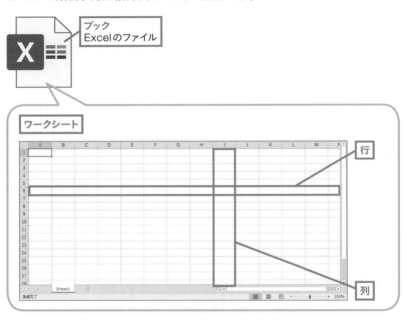

## ▶ セルに入力できるもの

練習用ファイル ▶ 01_01.xlsx

セルには数値や文字列などのデータと、計算式を入力できます。**Excel では計算式のことを「数式」と呼びます。**数式を入力したセルには計算結果が表示されるので、セルを見ただけではデータと区別が付きません。セルを選択し、数式バーに表示される内容を見て判断しましょう。先頭に「=」が付いていれば、数式と判断できます。

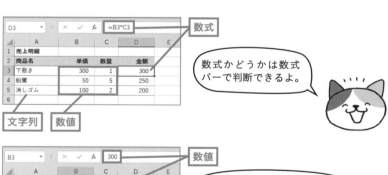

セルに入力できるもの

数値：四則演算などの計算に使うデータ

文字列：文字を並べたデータ

数式：計算式。数式の先頭には「=」が付く

数式かどうかは数式バーで判断できるよ。

文字列　数値

同じ「300」でも、セルB3は数値でセルD3は数式なのね。

# 3 機能は豊富。でも全部覚えなくても大丈夫！

 Excelって、機能がたくさんあるね。リボン上のボタンの数を見ただけでめまいがしちゃう。使いこなせるかなぁ？

 Excelには特定の職種でしか使わないような機能も含まれるから、全部覚える必要はないよ。Excel 1年生にとって大事なことは、ビジネスシーンでよく使われる一般的な機能をしっかり身に付けることだよ。

## ▶本書の学習内容

栞さんはExcelの機能の多さに戸惑っているようですね。しかし、**Excelは人を困らせる敵ではなく、私たちの仕事をサポートしてくれる心強い味方です**。本書では、入門者にぜひ知ってほしいをExcelの機能を厳選して紹介していきます。

●本書で学習すること

- データを効率よく入力するワザ　→　第2章
- 運用しやすい表を作成するためのコツ　→　第3章
- 思い通りの結果を導くための計算のテクニック　→　第4章
- データを有益な情報に変えるための視覚化　→　第5章
- 作成物を配布するための印刷の注意点　→　第6章

 このLESSONのポイント

- Excelには業務に役立つ機能がたくさんある
- 画面周りの用語を無理せず徐々に覚えていこう
- よく使われる一般的な機能をしっかり身に付けよう

## LESSON 02 ブックの保存
# ファイル管理、社会人の常識

 あれ？　先輩に渡すファイルがどれだか分からなくなっちゃった。

 栞ちゃんの［ドキュメント］フォルダーのファイル、「Book1」「Book2」「Book2 - コピー」……、こんな名前じゃ区別が付かないよ。

これじゃ、名前から目的のファイルを探すのは無理だよ。

## SECTION 1 そのファイル名は「Book1」でいいの？

Excelでブックを作成すると、ブックには「Book1」「Book2」のような仮のファイル名が付きます。その名前のまま保存してしまうと、区別が付かなくなります。だれが見ても中身を想像できるような分かりやすい名前を付けましょう。

自分なりに命名ルールを決めておくと、ファイルの管理が容易になりますし、何よりファイル名に悩まずに済みます。命名の基本は、ファイルの中身を表す書類名ですが、状況に応じて日付、数値、作成者、発行相手などを組み合わせるといいでしょう。

例えば同じファイルをバージョンで管理する場合は、書類名に日付を組み合わせると、作成の順序が一目瞭然になります。

書類名に日付を組み合わせると、いつの時点のファイルなのか分かりやすい

ファイルを同僚と互いに校正しあう場合などは、「Aイベント企画書_山田_20210912」のように、自分の名前を付けて渡すのも1つの方法です。また、社外にメールで送信するファイルは、「株式会社できる様_○○ご提案書_自社名」のように名前を付けておくと、相手も自分も管理がしやすいでしょう。

ファイルやフォルダーの表示順を固定しておきたい場合は、先頭に数値を付けましょう。いつも同じ位置に表示されるので、目的のファイルやフォルダーを容易に探せます。

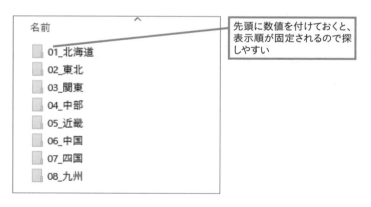

先頭に数値を付けておくと、表示順が固定されるので探しやすい

複数の要素を組み合わせて命名するときは、「_」（アンダースコア）か「-」（ハイフン）で区切るのが一般的です。また、日本語は全角、英数字は半角というように、全角／半角を統一しましょう。

■ **STEP UP!**

# 拡張子を表示するには

ファイル名は、「ファイル名.拡張子」という具合にファイル名と拡張子から構成されます。拡張子は、ファイルの種類を表す記号です。例えばExcelブックの拡張子は「.xlsx」、Word文書の拡張子は「.docx」となります。

Windowsの初期設定では拡張子は表示されませんが、以下のように設定すると表示できます。拡張子を表示すると、ファイルの種類が分かりやすくなります。

**1** [表示] タブをクリック

**2** [ファイル名拡張子] のここをクリックしてチェックマークを付ける

拡張子が表示された

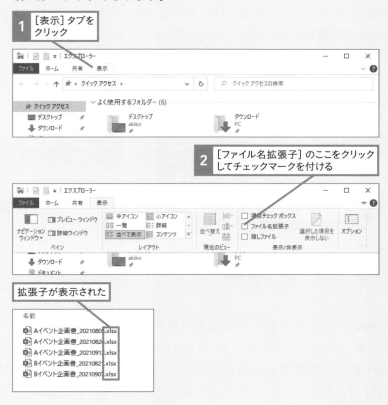

# 2 標準の保存先を変えるには

 保存っていえば、ブックを初めて保存するときに、保存先がいつも「OneDrive」っていう場所になっているのが煩わしくない？

 いつも自分のパソコンに保存するなら、確かに煩わしいよね。標準の保存先を変えておくとスムーズに保存できるよ。

## ▶保存先の初期設定は「OneDrive」

会話に出てきた「OneDrive」とは、**Microsoftが提供するインターネット上の保存場所のこと**です。一度も保存したことがないブックでクイックアクセスツールバーの[上書き保存]ボタン()をクリックすると、[このファイルを保存]画面が表示されます。保存先の初期設定はOneDriveになっています。

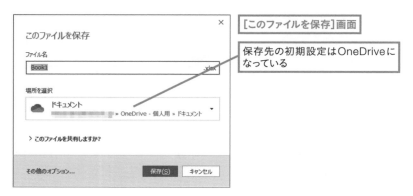

[このファイルを保存]画面

保存先の初期設定はOneDriveになっている

離れた場所にいる人とファイルを共有するときなどに便利なOneDriveですが、いつも自分のパソコンに保存する場合は、標準の保存先を自分のパソコンに変更するといいでしょう。変更すると初期設定はパソコンの[ドキュメント]フォルダーになりますが、別のフォルダーを指定することもできます。

## ▶[Excelのオプション]の画面で保存先を設定する

標準の保存先の設定は[Excelのオプション]ダイアログボックスという設定画面で行います。**Excelに関するさまざまな設定を行う画面**なので、この機会に表示方法を覚えておくといいでしょう。

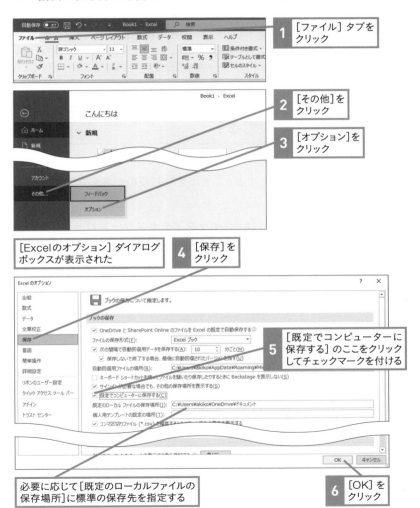

1 [ファイル] タブをクリック

2 [その他]をクリック

3 [オプション]をクリック

[Excelのオプション] ダイアログボックスが表示された

4 [保存]をクリック

5 [既定でコンピューターに保存する] のここをクリックしてチェックマークを付ける

必要に応じて[既定のローカルファイルの保存場所]に標準の保存先を指定する

6 [OK]をクリック

**LESSON**
# 03
トラブルの対処
# Excelアレルギーを
# 吹き飛ばせ

 うわっ！　１箇所いじっただけなのに、あちこちでエラーが出ちゃった！　どうしよう、先輩が作った表なのに……。

 新人時代は、人が作った表を怖くていじれない人も多いみたいだね。でも大丈夫。そんなExcelアレルギーを吹き飛ばすための５つの操作を教えよう。

練習用ファイル ▶ 03_01.xlsx

**SECTION**
## 1 操作は元に戻せる！

人が作った表をいじってエラーだらけにしてしまう……。新人時代のあるあるです。こんな経験をすると、セルをいじるのが怖くなってしまいますね。

セルをいじったときの操作は、**クイックアクセスツールバーの[元に戻す]ボタンで戻せます。**この[元に戻す]ボタン(🔄)を拠り所として、自信をもってセルの編集に臨んでください。Ctrl キーを押しながら Z キーを押しても、同様に操作を元に戻せます。

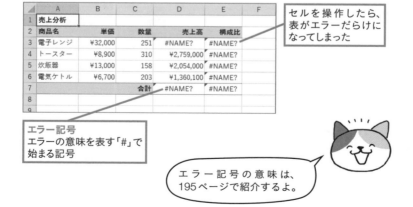

セルを操作したら、表がエラーだらけになってしまった

エラー記号
エラーの意味を表す「#」で始まる記号

エラー記号の意味は、195ページで紹介するよ。

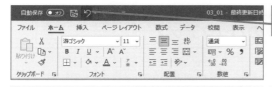

**1** [元に戻す]を
クリック

セルの表示が元の
状態に戻った

| | A | B | C | D | E | F |
|---|---|---|---|---|---|---|
| 1 | 売上分析 | | | | | |
| 2 | 商品名 | 単価 | 数量 | 売上高 | 構成比 | |
| 3 | 電子レンジ | ¥32,000 | 251 | ¥8,032,000 | 57% | |
| 4 | トースター | ¥8,900 | 310 | ¥2,759,000 | 19% | |
| 5 | 炊飯器 | ¥13,000 | 158 | ¥2,054,000 | 14% | |
| 6 | 電気ケトル | ¥6,700 | 203 | ¥1,360,100 | 10% | |
| 7 | | | 合計 | ¥14,205,100 | 100% | |
| 8 | | | | | | |
| 9 | | | | | | |

ブックの保存や印刷、ワークシート
の追加や削除は[元に戻す]ボタンで
戻せないので注意しよう。

ラジャー！ セルの入力と編集は
元に戻せるから安心だね。

SECTION

**2** 入力は取り消せる！

データの入力中や編集中に、セルの中に縦棒のカーソルが表示されます。
カーソルが表示されている間は、Esc キーを押すことで、入力を元に戻
せます。1回で戻らない場合は、Esc キーを何度か押してください。

| | A | B | C | D | E | F |
|---|---|---|---|---|---|---|
| 1 | 売上分析 | | | | | |
| 2 | 商品名 | 単価 | 数量 | 売上高 | 構成比 | |
| 3 | 電子レンジ | 2000 | 251 | ¥8,032,000 | 57% | |
| 4 | トースター | ¥8,900 | 310 | ¥2,759,000 | 19% | |
| 5 | 炊飯器 | ¥13,000 | 158 | ¥2,054,000 | 14% | |
| 6 | 電気ケトル | ¥6,700 | 203 | ¥1,360,100 | 10% | |
| 7 | | | 合計 | ¥14,205,100 | 100% | |
| 8 | | | | | | |
| 9 | | | | | | |

セルの中でカーソルが点滅
している間は、Esc キーを
押すと入力や編集を取り消
して元に戻せる

# 3 お守り代わりのバックアップ

 あっちをいじり、こっちをいじりとしているうちに、表がとんでもないことになっちゃうの。

 心配ならブックをバックアップしてから編集するといいよ。

## ▶編集前にブックをコピーしておこう

操作前にブックをバックアップ（ファイルをコピーすること）しておくと、万が一のときにバックアップしたブックを開いて、編集前の状態からやり直せます。ブックをコピーしたあと、ファイル名の末尾に日付や時刻を入れておくと、後で探しやすくなります。

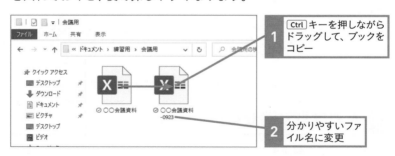

1 [Ctrl]キーを押しながらドラッグして、ブックをコピー

2 分かりやすいファイル名に変更

 ゲゲッ！ 表がメチャクチャ！ 編集前に戻ってイチからやり直した〜い！！

 そのファイルを捨てて、バックアップしたブックで編集し直せば？

**SECTION**

# 4 当然ながら上書き保存のススメ

 ひぇー！　パソコンがフリーズした！　わ、私のExcelファイル、どうなる！？

 編集中のブックを保存したのはいつ？　最後に保存したときの状態には確実に戻れるよ。

## ▶こまめに上書き保存しよう

パソコンやExcelがフリーズすると、最後に保存したあとの作業が無駄になってしまいます。こまめに上書き保存しておけば、無駄になる作業を最小限に食い止められます。**クイックアクセスツールバーの[上書き保存]をクリックして、保存する癖を付けましょう。** Ctrl + S キーを押しても、素早く上書き保存できます。なお、一度も保存したことがない場合には保存画面が開くので、名前を付けて保存してください。

# 5 転ばぬ先の自動保存

 編集作業に夢中になると、ついつい保存を忘れちゃう。

 パソコンのフリーズは突然やってくる。そんな事態に備えて、実はExcelには自動保存の機能があるよ。

## ▶自動保存の間隔を調整しよう

Excelは標準の設定で、10分ごとに自動保存される仕組みになっています。上書き保存を忘れがちな人は、この自動保存の間隔を短くする手もあります。保存間隔は1分単位で変更できます。最短は1分ですが、短くし過ぎるとパソコンの動きが遅くなることもあるので、いろいろな間隔を試して調整しましょう。

27ページを参考に[Excelのオプション]
ダイアログボックスを表示しておく

1 [保存]を
クリック

2 [次の間隔で自動回復用データを保存する]に
チェックマークが付いていることを確認

3 保存間隔を
入力

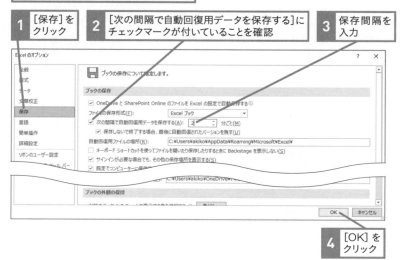

4 [OK]を
クリック

## ▶自動保存されたファイルを開くには?

Excelが異常終了すると、次回Excelを起動したときにブックが自動的に回復されます。この回復のもとになるのが自動保存されたブックです。上書き保存を忘れた場合でも、短い間隔で自動保存しておけば、失われる内容は少なく済むわけです。

ちなみに、[ファイル]タブの[情報]の画面には、自動保存された時刻が一覧表示されます。その時刻をクリックすると、自動保存されたブックを手動で開けます。

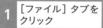

1　[ファイル]タブをクリック

2　[情報]をクリック

30分くらい前に削除したデータをやっぱり復活させたい!

Aイベント企画書_20210805

情報

Aイベント企画書_20210805
OneDrive - 個人用 ▶ デスクトップ

⌂ ホーム
🗋 新規
🗁 開く

📤 共有　　🖉 パスのコピー　　📂 ファイルの保存場所を開く

情報
上書き保存
名前を付けて保

ブックの保護
🔒 ブックの保護 ∨
このブックに対してユーザーが実行できる変更の種類を管理します。

アカウント
その他...

📄 ブックの管理 ∨

ブックの管理
📄 今日 13:51 (自動回復)
📄 今日 13:44 (自動回復)
📄 今日 13:41 (自動回復)

自動保存されたブックを開いてみたら? そこからデータをコピーして、現在編集中のブックに貼り付けるといいよ。

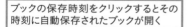

ブックの保存時刻をクリックするとその時刻に自動保存されたブックが開く

🐾 このLESSONのポイント

● [元に戻す]ボタンや Esc キーを使えば、編集を元に戻せる
● バックアップや上書き保存、自動保存を行えば、万が一のときに安心

# EPILOGUE

 先輩、おはようございます！ 東京エリアのデータを抜き出して印刷しておきました！ エッヘン。

 ありがとう、栞さん。うん、漏れもないようだね！

 もちろんです。なんてったって「フィルター」とかいう機能を実行してデータを抜き出しましたから！ フィルターの詳細については、ミケに後日教えてもらう予定……。

 ニャーオ（僕が教えていることはみんなに内緒だよ）。

 あ、先輩、何でもありません。

 Excelは僕たちの仕事をサポートしてくれる心強い味方だよ。これからもExcelの作業を頼むからよろしくね。

 ど〜んと任せてください！！ （私にはミケが付いていますから！）

# 第2章

# 表作成最初の一歩
# 入力作業のコツをつかもう

# PROLOGUE

 栞さん、隣の部署の応援に回ってもらえるかな。Excelの入力作業に人手が足りないらしいんだ。

 タイピングは得意なので、チャチャッとお手伝いしてきます。

 タイピングが得意だからといって、Excelの入力がチャチャッと進むとは限らないよ。

 どういうことですか？

 Excelの入力を効率よくこなすには、まずセルの選択を効率化すること。あと、Excelには入力効率化のための機能がたくさんあるから、そういう機能を使いこなすこと。

 ニャーオ（Excelの癖を知って、入力トラブルに対処するコツをつかむことも大事だよ）。

 なるほど。入力って誰でもできる単純作業かと思っていましたけど、奥が深いんですね。がんばります。

 よろしく頼むよ！

 ニャーオ（鍛えがいがありそうだニャン！）。

## LESSON 04　セルの入力
# 基本中の基本
# セル選択とデータ入力

 どうしたの？　スクロールに手間取っているようだね。

 新しいデータを入力したいんだけど、すでに何百件も入力されているから、一番下の行を探すのに時間が掛かっちゃって。

 そんなの、ショートカットキーを使えば一瞬だよ！

## SECTION 1　セルの選択を効率化しよう

練習用ファイル ▶ 04_01.xlsx

セルの選択で、ぜひ覚えておきたいショートカットキーが3つあります。画面に収まりきらない大きな表で、セルやセル範囲を選択するときに威力を発揮するショートカットキーです。そのような選択は、マウスでは歯が立ちません。

---

### 覚えるべきショートカットキー

[Ctrl] ＋矢印キー：表の端まで瞬間移動

[Ctrl] ＋ [Shift] ＋矢印キー：表の端まで一気に選択

[Shift] ＋矢印キー：選択範囲を広げる／縮める

---

## ▶ Ctrl ＋矢印キーで表の端まで瞬間移動

表内のセルを選択して、Ctrl キーを押しながら ↑ ↓ ← → キーを押すと、表の上端、下端、左端、右端に瞬時に移動できます。

**1** 表内のセルを選択

画面が自動でスクロールして表の下端のセルが選択された

| | A | B | C | D | E |
|---|---|---|---|---|---|
| 1 | 顧客アンケート | | | | |
| 2 | | | | | |
| 3 | No | 年齢 | 性別 | 購入経路 | Q1 |
| 4 | 1 | 34 | 男 | 実店舗 | A |
| 5 | 2 | 50 | 女 | 通販 | A |
| 6 | 3 | 39 | 女 | ECサイト | A |
| 7 | 4 | 24 | 男 | ECサイト | B |
| 8 | 5 | 58 | 女 | 実店舗 | A |
| 9 | 6 | 37 | 女 | ECサイト | C |
| 10 | 7 | 22 | 男 | ECサイト | B |
| 11 | 8 | 46 | 女 | 実店舗 | A |
| 12 | 9 | 25 | 女 | 通販 | B |
| 13 | 10 | 26 | 男 | 実店舗 | E |
| 14 | 11 | 40 | 女 | ECサイト | A |
| 15 | 12 | 64 | 男 | ECサイト | B |
| 16 | 13 | 69 | 女 | 通販 | C |
| 17 | 14 | 41 | 男 | ECサイト | A |

| | A | B | C | D | E |
|---|---|---|---|---|---|
| 787 | 784 | 26 | 男 | 実店舗 | B |
| 788 | 785 | 25 | 男 | 実店舗 | A |
| 789 | 786 | 68 | 男 | ECサイト | C |
| 790 | 787 | 53 | 女 | ECサイト | A |
| 791 | 788 | 52 | 男 | 実店舗 | E |
| 792 | 789 | 68 | 女 | 実店舗 | B |
| 793 | 790 | 40 | 男 | 通販 | |
| 797 | | | 男 | 実店舗 | |
| 798 | 795 | 44 | 女 | 実店舗 | D |
| 799 | 796 | 48 | 男 | 通販 | A |
| 800 | 797 | 59 | 女 | 通販 | A |
| 801 | 798 | 66 | 男 | ECサイト | A |
| 802 | 799 | 46 | 女 | 実店舗 | B |
| 803 | 800 | 18 | 女 | ECサイト | A |
| 804 | | | | | |

Sheet1　Sheet2　＋

準備完了

**2** Ctrl ＋ ↓ キーを押す

 800行の移動が一瞬！ すぐに新しい行に入力を開始できるね。でも、途中に空白セルがあると、その手前のセルに移動しちゃう……。

 その場合、Ctrl キーを押し続けながら何度か ↓ キーを押せば、表の下端に移動できるよ。

 表の下端まで一気に移動するには、データが埋まっている列で実行するべきってことね！

 Ctrl キーを押し続けながら何度か ↑ キーを押せば、表の1行目にパパッと戻れるよ！

第2章 表作成最初の一歩 入力作業のコツをつかもう

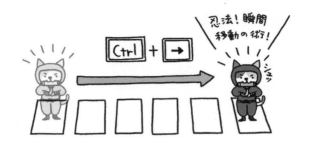

## ▶ Ctrl + Shift +矢印キーで表の端まで一気に選択

Ctrl キーと Shift キーを押しながら↑↓←→キーを押すと、選択中の
セルを起点に表の上端、下端、左端、右端までのセル範囲を一気に選択
できます。大きな表の行や列を選択したいときに役に立ちます。

**1** 始点のセルやセル
範囲を選択

| | A | B | C | D | E |
|---|---|---|---|---|---|
| 1 | 顧客アンケート | | | | |
| 2 | | | | | |
| 3 | No | 年齢 | 性別 | 購入経路 | Q1 |
| 4 | 1 | 34 | 男 | 実店舗 | A |
| 5 | 2 | 50 | 女 | 通販 | A |
| 6 | 3 | 39 | 女 | ECサイト | A |
| 7 | 4 | 24 | 男 | ECサイト | B |
| 8 | 5 | 58 | 女 | 実店舗 | C |
| 9 | 6 | 37 | 女 | ECサイト | C |
| 10 | 7 | 22 | 男 | ECサイト | B |
| 11 | 8 | 46 | 女 | 実店舗 | A |
| 12 | 9 | 25 | 女 | 通販 | B |
| 13 | 10 | 26 | 男 | 実店舗 | E |
| 14 | 11 | 40 | 女 | ECサイト | A |
| 15 | 12 | 64 | 男 | ECサイト | B |
| 16 | 13 | 69 | 女 | 通販 | C |
| 17 | 14 | 41 | 男 | ECサイト | A |
| 18 | 15 | 48 | 男 | 実店舗 | B |

→

表の下端までが
選択された

| | A | B | C | D | E |
|---|---|---|---|---|---|
| 787 | 784 | 26 | 男 | 実店舗 | B |
| 788 | 785 | 25 | 男 | 実店舗 | A |
| 789 | 786 | 68 | 男 | ECサイト | C |
| 790 | 787 | 53 | 女 | ECサイト | C |
| 791 | 788 | 52 | 男 | 実店舗 | E |
| 792 | 789 | 68 | 女 | ECサイト | A |
| 793 | 790 | 40 | 男 | 通販 | A |
| | 791 | 40 | | サイト | |
| 797 | | | 男 | | |
| 798 | 795 | 43 | 女 | 実店舗 | D |
| 799 | 796 | 48 | 男 | 通販 | A |
| 800 | 797 | 59 | 女 | 通販 | A |
| 801 | 798 | 66 | 男 | ECサイト | A |
| 802 | 799 | 46 | 女 | 実店舗 | B |
| 803 | 800 | 18 | 女 | ECサイト | A |
| 804 | | | | | |

Sheet1 Sheet2 ⊕

準備完了 平

**2** Ctrl + Shift +
↓キーを押す

 大きな表を列単位で書式設定したい、なんていうときに便利だよ。

 「○列目を中央揃えにする」「○列目に通貨表示の設定をする」なんていう
ときに、大きなセル範囲を効率よく選択できるね!

[Shift] キーを押しながら矢印キーを押すと、矢印キーの方向に選択範囲を拡大／縮小できます。複数行／複数列を拡大／縮小する場合は、[Shift] キーを押し続けながら矢印キーを複数回押してください。

**1** [Shift] キーを押しながら → キーを2回押す

選択範囲が右方向に2列分拡大する

| | A | B | C | D | E |
|---|---|---|---|---|---|
| 1 | 2021年度売上集計 | | | | |
| 2 | | | | (百万円) | |
| 3 | 都道府県 | 上期 | 下期 | 合計 | |
| 4 | 北海道 | 1,027 | 830 | 1,857 | |
| 5 | 青森県 | 732 | 1,264 | 1,996 | |
| 6 | 岩手県 | 1,042 | 880 | 1,922 | |
| 7 | 宮城県 | 849 | 1,125 | 1,974 | |
| 8 | 秋田県 | 1,142 | 993 | 2,135 | |
| 9 | 山形県 | 1,026 | 881 | 1,907 | |
| 10 | 福島県 | 982 | 752 | 1,734 | |

→

| | A | B | C | D | E |
|---|---|---|---|---|---|
| 1 | 2021年度売上集計 | | | | |
| 2 | | | | (百万円) | |
| 3 | 都道府県 | 上期 | 下期 | 合計 | |
| 4 | 北海道 | 1,027 | 830 | 1,857 | |
| 5 | 青森県 | 732 | 1,264 | 1,996 | |
| 6 | 岩手県 | 1,042 | 880 | 1,922 | |
| 7 | 宮城県 | 849 | 1,125 | 1,974 | |
| 8 | 秋田県 | 1,142 | 993 | 2,135 | |
| 9 | 山形県 | 1,026 | 881 | 1,907 | |
| 10 | 福島県 | 982 | 752 | 1,734 | |

 う～ん。マウスを使った方が早い気がする。

 いやいや、このワザを知っていると、範囲選択の修正に役立つよ。

 どういうこと?

 例えば、一番下に集計行がある大きな表で、集計行を除いた範囲を選択したいとする。そんなときは、いったん [Ctrl]＋[Shift]＋↓ キーで下端まで選択したあとで、[Shift]＋↑ キーを押して選択範囲を縮小するのさ!

**1** [Ctrl]＋[Shift]＋↓ キーを押す

| | A | B | C | D | E |
|---|---|---|---|---|---|
| 1 | 2021年度売上集計 | | | | |
| 2 | | | | (百万円) | |
| 3 | 都道府県 | 上期 | 下期 | 合計 | |
| 4 | 北海道 | 1,027 | 830 | 1,857 | |
| 5 | 青森県 | 732 | 1,264 | 1,996 | |
| 6 | 岩手県 | 1,042 | 880 | 1,922 | |
| 7 | 宮城県 | 849 | 1,125 | 1,974 | |
| 8 | 秋田県 | 1,142 | 993 | 2,135 | |
| 9 | 山形県 | 1,026 | 881 | 1,907 | |
| 10 | 福島県 | 982 | 752 | 1,734 | |

表の下端まで
選択できた

選択範囲から最終行を
除外できた

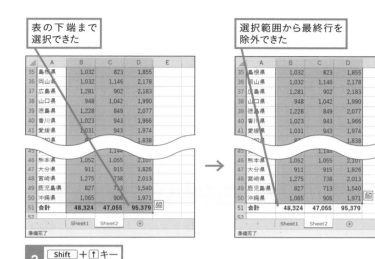

第2章　表作成最初の一歩　入力作業のコツをつかもう

| 2 | Shift + ↑ キー<br>を押す |

Ctrl + Shift + →

忍法！
分身の術！

Shift + ←

忍法！
霊隠れの術！

 栞ちゃん、大きな範囲をマウスで選択するとき、いつも手元が狂って多めに選択してるよね。

 そうそう。ドラッグしたまま画面がスクロールすると、何だか焦っちゃって。何度もドラッグし直す羽目になる。

 再ドラッグなんてナンセンス！　Shift ＋矢印キーは、マウスで選択したあとの選択範囲の修正にも使えるよ。

# 2 入力豆知識

 セルにデータを入力したあと、続けて書式設定したいときに、セルを選択し直すのが地味に面倒だよね。

 入力して Enter キーを押すと、アクティブセルが下に移動しちゃうからね。よし、入力にまつわる便利ワザを紹介していこう。

## ▶「アクティブセル」って何?

会話に出てきた「アクティブセル」とは、**ワークシートに1つだけ存在する、緑色の枠で囲まれたセル**のことです。セルが1つだけ選択されている場合はそのセルが、セルが複数選択されている場合はその中の白いセルがアクティブセルです。**アクティブセルは、入力の操作対象**になります。

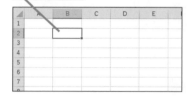

アクティブセル

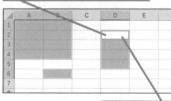

複数選択されている場合は白いセルがアクティブセルになる

アクティブセル

 ところで栞ちゃん、念のために確認しておくけど、マウスで複数個所を選択する方法は知っているよね?

 もちろん! 1個所目を選択したあと、2個所目以降は Ctrl キーを押しながらクリックまたはドラッグするんだよね。

▶ **Ctrl** + **Enter** キーでセルを移動せずに確定

セルにデータを入力したあと **Enter** キーで確定すると、アクティブセルが下に移動します。アクティブセルを移動したくない場合は、**Ctrl** + **Enter** キーで確定しましょう。

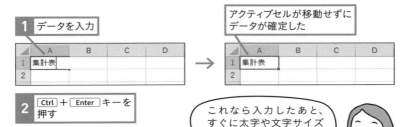

**1** データを入力

アクティブセルが移動せずにデータが確定した

**2** **Ctrl** + **Enter** キーを押す

これなら入力したあと、すぐに太字や文字サイズを設定できるね！

**STEP UP!**　　　　　　　　　　練習用ファイル ▶ 04_STEPUP.xlsx

# 複数セルへの一括入力も可能

**Ctrl** + **Enter** キーは、複数のセルへの一括入力にも使えます。

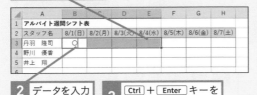

**1** セル範囲を選択

**2** データを入力　**3** **Ctrl** + **Enter** キーを押す

選択したすべてのセルに同じデータが入力された

43

## ▶確定後に好きな方向に移動するには

セルにデータを入力したあと、下図のキー操作で上下左右の好きな方向に素早く移動できます。例えば、セルにデータを入力して Tab キーを押すと、入力が確定して右隣のセルが選択されます。

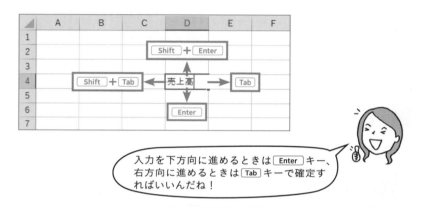

入力を下方向に進めるときは Enter キー、右方向に進めるときは Tab キーで確定すればいいんだね！

## ▶ Alt ＋ Enter キーでセルの中で改行する

セルに入力している最中に Alt ＋ Enter キーを押すと、セルの中で改行できます。複数行のデータを入力すると、初期設定で行の高さが自動的に拡大します。

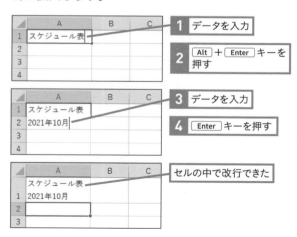

**1** データを入力

**2** Alt ＋ Enter キーを押す

**3** データを入力

**4** Enter キーを押す

セルの中で改行できた

## ▶表にデータ入力するときの移動ワザ

表にデータを入力する際にあらかじめ入力範囲を選択しておくと、 Tab
キーで1行ずつ、 Enter キーで1列ずつ、選択範囲を移動しながら入力
できます。 Tab キーだけ、または Enter キーだけで選択範囲のすべて
のセルを移動できるので、入力作業がテンポよく進みます。

●1行ずつ入力

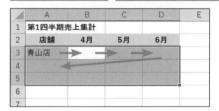

●1列ずつ入力

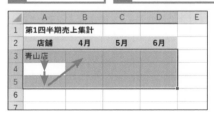

次に入力するセルの方向を考えなくても、
確定するだけで次のセルに移動できるか
らラクチン！

# 3 あれ、矢印キーの挙動が変！

 入力中、手前の文字の間違いに気づいたときに、⬅キーを押すでしょ。でも、なぜかカーソルが動く場合と動かない場合があるの。

 [入力]モードと[編集]モードの違いを知っていれば対処できるよ。

## ▶入力モードと編集モード

Excelには、**新しいデータを入力するときの[入力]モード**と、**既存のデータを修正するときの[編集]モード**があります。現在のモードは、画面左下で確認できます。

セルを選択して入力を始めると、[入力]モードになります。[入力]モードでは、矢印キーを押してもカーソルは動きません。[入力]モードで矢印キーを押すと、入力中のデータが確定し、アクティブセルが矢印方向に移動します。

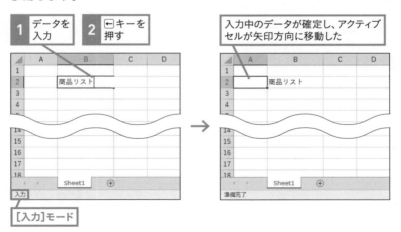

46

確定済みのセルをダブルクリックすると、セルの中にカーソルが表示され、[編集]モードになります。[編集]モードで矢印キーを押すと、セルの中でカーソルが移動します。

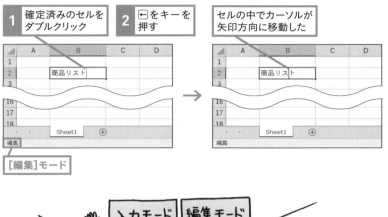

[編集]モード

## ▶ 入力モードと編集モードを F2 キーで入れ替える

[入力]モードと[編集]モードは、F2 キーで切り替えることができます。[入力] モードで入力している最中、手前の文字の間違いに気づいたときは、F2 キーを押して [編集] モードに切り替えれば、矢印キーでカーソルを動かせるというわけです。

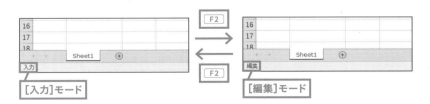

[入力]モード　　　　　　　　　　　[編集]モード

練習用ファイル ▶ 04_02.xlsx

# 4 大きな数値を入力したときのお約束

 数値の桁区切りの「,」って、3桁ごとだっけ、それとも4桁?

 これは社会人の常識、3桁だよ。百万円なら「¥1,000,000」となる。表示形式の機能を使えば、自動で3桁区切りにできるよ。

## ▶大きな数値に[通貨表示形式]を設定する

大きな数値は、[通貨表示形式]や[桁区切りスタイル]を設定して「¥1,234」や「1,234」の形式で表示するのが、ビジネス文書のお約束です。また、比率の数値には[パーセントスタイル]を設定しましょう。これらの設定は、[ホーム]タブの[数値]グループのボタンをクリックすると簡単に設定できます。

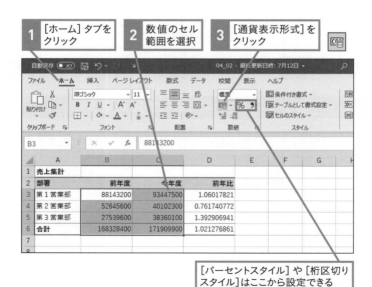

| 1 | [ホーム]タブをクリック |
| 2 | 数値のセル範囲を選択 |
| 3 | [通貨表示形式]をクリック |

[パーセントスタイル]や[桁区切りスタイル]はここから設定できる

第2章 表作成最初の一歩 入力作業のコツをつかもう

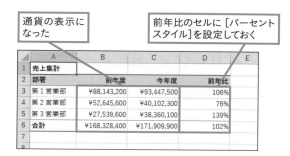

通貨の表示になった

前年比のセルに［パーセントスタイル］を設定しておく

## ▶「表示形式」って何？

［通貨表示形式］や［パーセントスタイル］の機能を総称して「表示形式」と呼びます。**表示形式は、セルの値はそのまま、見た目を変える機能**です。「88143200」というデータが入力されたセルに［通貨表示形式］を設定すると、値は「88143200」のまま、セルの表示は「¥88,143,200」になります。セルに実際に入力されている値は、セルを選択すると数式バーに表示されます。

表示形式を設定すると、データの見た目が変わる

セルの実際の値は数式バーで確認できる

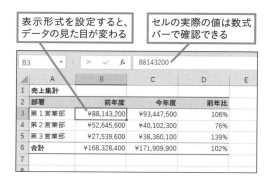

このLESSONのポイント

- ショートカットキーを利用してセルの選択を効率化しよう
- 入力／編集したあとの確定方法やモードの違いを理解しよう
- 大きな数値は3桁区切りにして読みやすくしよう

## LESSON 05

オートフィル

# 日付や連番の入力は
# オートフィルで効率よく

 栞ちゃん、「オートフィル」を知ってる?

 日程表の日付を入力するときに使うやつ?

 日付はもちろん、数値の連続データの入力にも使えるよ!

SECTION

練習用ファイル ▶ 05_01.xlsx

## 1 日付や曜日の連続データを一瞬で入力

「4月1日、4月2日、4月3日…」「4月、5月、6月…」「月、火、水…」の
ような連続データの入力には、「オートフィル」を使いましょう。先頭の
セルに最初のデータを入力し、セルの右下角にある「フィルハンドル」を
ドラッグするだけで、瞬時に入力できます。「+」の形のマウスポインター
でドラッグすることがポイントです。

●日付の連続データを入力する

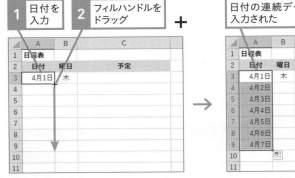

50

●曜日の連続データを入力する

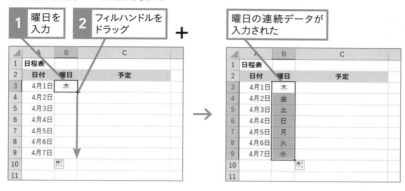

1 曜日を入力
2 フィルハンドルをドラッグ
曜日の連続データが入力された

第2章 表作成最初の一歩 入力作業のコツをつかもう

日付のオートフィルでは、日付が1日ずつ増えていくんだね。

曜日や月は繰り返し入力されるよ。「日、月、…土」のあと「日、月…」、「1月、2月、…12月」のあと「1月、2月…」って具合にね。

## STEP UP!

# ダブルクリックで素早くオートフィル

フィルハンドルをダブルクリックすると、隣の列のデータと同じ数だけ連続データを入力できます。データ数が多い場合に効果的です。なお、ドラッグでは横方向の連続データも入力可能ですが、ダブルクリックでは縦方向にしか入力できません。

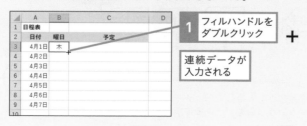

1 フィルハンドルをダブルクリック

連続データが入力される

# 2 数値の連続データもカンタン

先頭2つのデータをセルに入力し、その2つのセルを選択した状態で
オートフィルを実行すると、2つのデータの規則性をもとに連続データ
が入力されます。「1、2」からは「1、2、3、4…」が、「5、10」からは「5、10、
15、20…」が入力されます。

●数値の連続データを入力する

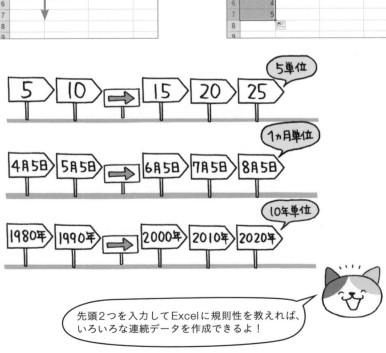

先頭2つを入力してExcelに規則性を教えれば、
いろいろな連続データを作成できるよ！

## STEP UP!

# Ctrl キーの併用で目的のオートフィルを素早く実行

オートフィルを実行する際に、Ctrl キーを押しながらフィルハンドルをドラッグすると、実行結果が下表のように変わります。Ctrl キーを併用することで、目的のオートフィルを効率よく実行できます。

●オートフィルの動作

| 先頭のセル | 通常のオートフィル | Ctrl ＋オートフィル |
|---|---|---|
| 日付 | 連続データの入力 | コピー |
| 数値＋文字列 | 連続データの入力 | コピー |
| 数値 | コピー | 連続データの入力 |
| 文字列 | コピー | コピー |

●通常のオートフィル

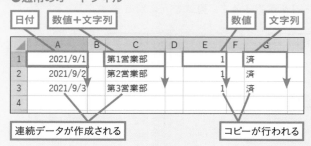

●Ctrl ＋オートフィル

# 3 オートフィルで表がメチャクチャ！　どうする？

 うわっ。オートフィルを実行したら、表のデザインがメチャクチャ！

 オートフィルのあるあるだね。そんなときは、［オートフィルオプション］を使えば書式を元に戻せるよ。

## ▶［書式なしコピー］を使用して書式を元に戻す

オートフィルを実行すると、先頭のセルに設定されている色や罫線などの書式がコピーされるので、表のデザインが崩れることがあります。オートフィルを実行した直後に表示される［オートフィルオプション］から［書式なしコピー］を選択すると、書式を元に戻せます。

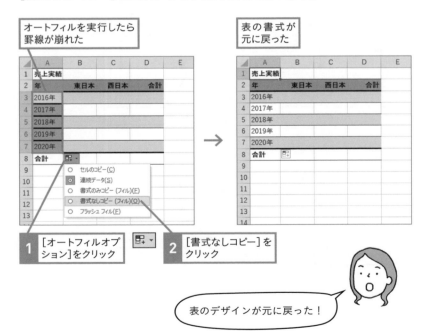

**1** ［オートフィルオプション］をクリック

**2** ［書式なしコピー］をクリック

表のデザインが元に戻った！

■ STEP UP!

# 「A、B、C…」「①、②、③…」の連続データを入力したい

[ユーザー設定リスト]にデータの並び順を登録しておくと、いつでも簡単に連続データを入力できます。

> 27ページを参考に[Excelのオプション]
> ダイアログボックスを表示しておく

**1** [詳細設定]の画面の下方にある[ユーザー設定リストの編集]をクリック

**2** 登録する連続データを入力

**3** [OK]をクリック

> 登録したデータの1つをセルに入力してオートフィルを実行すると、連続データが入力される

---

🐾 このLESSONのポイント

- オートフィルを利用すると、連続データを簡単に入力できる
- セルを2つ選択してオートフィルを実行すると、2つのデータの規則性をもとに連続データが入力される
- [書式なしコピー]を使用すると、オートフィルによって変更された書式を元に戻せる

## LESSON 06

入力補助機能

# 入力効率化のための
# ワンランク上のテクニック

こういう表のデータ入力って、日本語入力のオン／オフの切り替えがホント面倒！

| | A | B | C | D | E |
|---|---|---|---|---|---|
| 1 | 取引先名簿 | | | | |
| 2 | **No** | **取引先名** | **電話番号** | **担当者名** | |
| 3 | 1 | できる商事 | 03-1234-XXXX | 小林　誠 | |
| 4 | | | | | |

```
オフで入力    オンで入力    オフで入力    オンで入力
```

それなら日本語入力モードが自動的に切り替わるように設定するといいよ。

## SECTION 1

練習用ファイル ▶ 06_01.xlsx

# データに合わせて日本語入力を自動切り替え

あらかじめセルに［日本語入力］の設定をしておくと、セルを選択するだけで自動的に日本語入力モードが切り替わります。日本語を入力する列には［ひらがな］、しない列には［オフ（英数モード）］を設定しましょう。

**1** ［No］と［電話番号］のセルを選択

日々の売上表みたいにデータがどんどん増えていくタイプの表では、列全体を選択して［日本語入力］を設定するといいよ。

1 [データ] タブをクリック

2 [データの入力規則]をクリック

[データの入力規則] ダイアログボックスが表示された

3 [日本語入力] タブをクリック

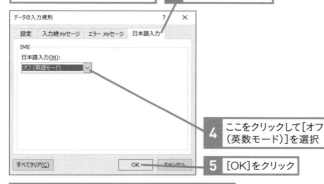

4 ここをクリックして[オフ（英数モード）]を選択

5 [OK]をクリック

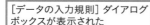

[取引先名]と[担当者]のセルを選択して、同様に[日本語入力]タブで[ひらがな]を設定しておく

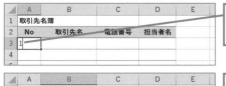

[No]を入力するときは日本語入力が[半角英数]になる

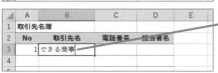

[取引先名]を入力するときは日本語入力が[ひらがな]になる

セルを選択するだけで自動的に入力モードが切り替わるからラクチン！

自動的に切り替わったあと、手動で別の入力モードに切り替えることもできるよ。

# 2 決まり切った選択肢はリストに登録せよ！

 「部署」や「都道府県」など、決まった選択肢の中から入力するデータは、リスト入力の設定をしておくといいよ。

 リスト入力？ 選ぶだけで入力できるの？ 超ラクチン！

 ラクチンなだけじゃないよ。選択肢以外のデータを入力させたくないときにも使える。手入力と違って、入力ミスや表記ゆれも防げるんだ。

## ▶[データの入力規則]を設定する

決まった選択肢の中から入力するタイプの項目は、リスト入力の設定をしておくと、クリックで簡単に入力できるので便利です。選択肢以外のデータを入力できなくなるので、キーボードで入力する場合にも、入力ミスや表記ゆれの防止に効果があります。

**リスト入力の設定は、[データの入力規則]ダイアログボックスで行います。**登録する選択肢を、半角の「,」（カンマ）で区切って、「営業部,人事部,経理部,総務部」のように入力してください。

58

ここでは [所属] 欄にリスト
入力の設定をする

<table>
<tr><td>1</td><td>[所属] 欄の<br>セルを選択</td><td>2</td><td>[データ] タブを<br>クリック</td><td>3</td><td>[データの入力規則]を<br>クリック</td></tr>
</table>

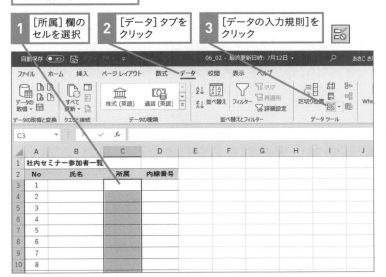

[データの入力規則] ダイアログ
ボックスが表示された

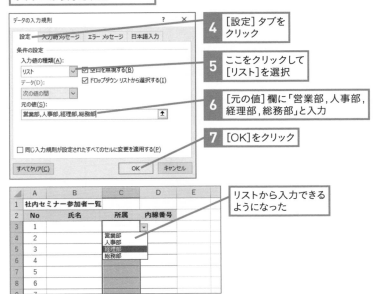

| | 4 | [設定] タブを<br>クリック |

| | 5 | ここをクリックして<br>[リスト]を選択 |

| | 6 | [元の値] 欄に「営業部, 人事部,<br>経理部, 総務部」と入力 |

| | 7 | [OK]をクリック |

| | | リストから入力できる<br>ようになった |

■ **STEP UP!**

# リスト入力を解除するには

前ページの操作5の［入力値の種類］欄で［すべての値］を選択す
ると、リスト入力を解除できます。

■ **STEP UP!**　　　　　　　　　　　練習用ファイル ▶ 06_STEPUP.xlsx

# 選択肢が多い場合はあらかじめセルに入力しておく

登録する選択肢が多い場合は、あらかじめ選択肢を空いたセルに入
力しておきましょう。［元の値］欄の中にカーソルを置いてた状態で、
選択肢のセル範囲をドラッグすれば簡単に登録できます。

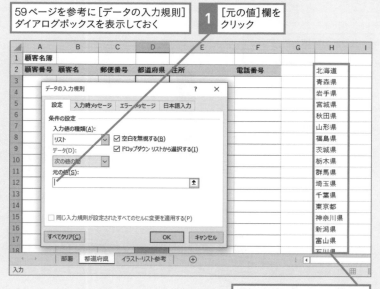

選択肢を入力したセル範囲を
ドラッグすると、登録できる

練習用ファイル ▶ 06_03.xlsx

# 3 郵便番号から住所に変換

 住所の入力も苦手！　土地勘がない地名だと漢字が読めないし、漢字を
1文字ずつ変換していくのも面倒！

 郵便番号を入力して変換するといいよ。打ち込む文字数が少なくて済むし、
読めない漢字でも正確に入力できるよ。

## ▶郵便番号から住所に変換する

入力モードを［ひらがな］にして郵便番号を「-」（ハイフン）付きで入力す
ると、住所に変換できます。全角と半角のどちらで入力してもかまいま
せん。読めない住所でも郵便番号が分かれば素早く入力できるので便利
です。

| 入力モードを［ひらがな］に<br>しておく | 1 | 郵便番号を<br>入力 | 2 | Space キーを<br>何度か押す |
|---|---|---|---|---|

| ◢ | A | B | C | D | E |
|---|---|---|---|---|---|
| 1 | 取引先名簿 | | | | |
| 2 | No | 取引先名 | 郵便番号 | 住所 | |
| 3 | 1 | できる観光 | 781-6202 | 7.8.1 - 6.2.0.2 | |
| 4 | | | | "781-6202" | |
| 5 | | | | | |

変換候補が表示される
ので住所を入力する

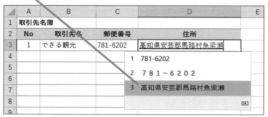

入力するのは
郵便番号だけ♪

## STEP UP!

# 入力済みの郵便番号を利用して住所に変換するには

入力済みの郵便番号を住所欄にコピーして変換し直すと、郵便番号
欄と住所欄の2つのセルを効率よく入力できます。住所欄が郵便番
号欄の右隣にある場合、Ctrl＋Rキーを押すと素早くコピーでき
ます。

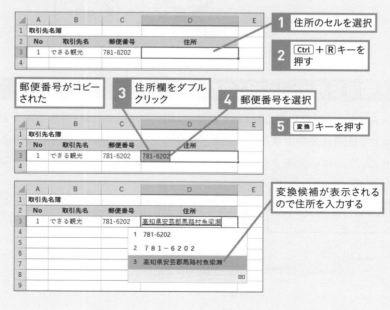

**1** 住所のセルを選択

**2** Ctrl＋Rキーを
押す

郵便番号がコピー
された

**3** 住所欄をダブル
クリック

**4** 郵便番号を選択

**5** 変換キーを押す

変換候補が表示される
ので住所を入力する

SECTION

# 4 スクロールすると表の見出しが消えて困る!

大きな表ではスクロールすると見出しが消えてしまい、何の入力欄なのか分からなくなります。見出しの行を固定すれば、画面上に常に表示されるので分かりやすく入力できます。

第2章 表作成最初の一歩 入力作業のコツをつかもう

1 A列の見出しの下のセルA4を選択

2 [表示] タブをクリック

3 [ウィンドウ枠の固定] をクリック

4 [ウィンドウ枠の固定] をクリック

下にスクロールしても、1 〜 3行目は常に表示される

[表示] タブの [ウィンドウ枠の固定] - [ウィンドウ枠固定の解除] をクリックすると解除できる

このLESSONのポイント

• リスト入力や入力モード自動切り替えの機能を利用して効率よく入力しよう
• 住所は郵便番号から入力できる
• 大きな表では見出しを固定表示しよう

入力のトラブル解決

# 打った通りに入力されない！
# 入力操作の落とし穴

 住所録の「番地」欄に「1-2-3」って入れているのに、なぜか日付が入力されちゃうの。

 「1-1」「1-2」「1-3」って、枝番号を入力したいときにも日付になっちゃう。

 「(1)」「(2)」「(3)」の番号を入力したときには、なんと「-1」「-2」「-3」というマイナスの数値になっちゃった！

 打った通りに入力されないって、どういうこと！？

 **Excel**にとって「**1-2-3**」や「**1-2**」は日付、「**(1)**」は数値なんだ。Excelにしてみれば、打ち込まれたデータを適切に表示しているつもりなんだよ。Excelで思い通りに入力するには、このような"Excelの癖"と対処方法を知っておく必要があるよ。

SECTION

# 1 入力した通りに表示できないデータたち

「1-2」と入力したら「1月2日」と表示された、「(1)」と入力したら「-1」と表示された……。誰しもこのような経験があるのではないでしょうか。Excelは、セルにデータが入力されると、そのデータの種類を判別します。日付や数値が入力されたと判別した場合、より分かりやすく表示しようと、データを勝手に修正してしまうのです。

●入力した通りに表示されないデータの例

| 入力例 | 表示例 | 説明 |
|---|---|---|
| 1-2-3 | 2001/2/3 | 日付と見なされる |
| 1-2 | 1月2日 | 日付と見なされる |
| 1/2 | 1月2日 | 日付と見なされる |
| (1) | -1 | マイナスの数値と見なされる |
| 0001 | 1 | 数値と見なされる |
| @東京 | (入力不可) | 「@」で始まるデータは入力できない |
| /5ページ | (入力不可) | 「/」で始まるデータは入力できない |

## STEP UP!

## 「####」が表示されたときは列幅を変更しよう

数値や日付を入力したときに、セルに「####」と表示されることがあります。その場合、列幅を広げるとデータを表示できます。

「####」と表示された

**1** ここを右にドラッグ

列幅が広がり、データが表示された

# 2 入力した通りに表示させるには

 Excelがよかれと思ってデータを修正してくれているのは分かったけど、勝手に修正されたら困る場合はどうしたらいいの?

 「このセルには文字列を入力します!」って宣言してから入力すればいい。宣言方法は「'」を使う方法と表示形式を使う方法の2つあるよ。

## ▶先頭に「'」を付けて入力する

データを入力するときに、先頭に「'」（シングルクォーテーション）を付けて入力すると、以降のデータは文字列として扱われます。勝手に日付や数値に修正されることはありません。

1 「'1-1」と入力

2 Enter キーを押す

「1-1」と表示された

Excelさーん、今から文字列を入力しますよー。
日付に変換しないでねー!

文字列として入力すると、セルの左上に緑色の三角形が表示される場合がある。この三角形の意味や消し方は159ページを見てね。

## ▶[文字列]の表示形式を設定してから入力する

入力するデータの数が多い場合、いちいち先頭に「'」を付けて入力するのは面倒です。そんなときは、あらかじめセルに［文字列］の表示形式を設定してから入力しましょう。［文字列］が設定されたセルに入力されたデータは、必ず入力した通りに表示されます。

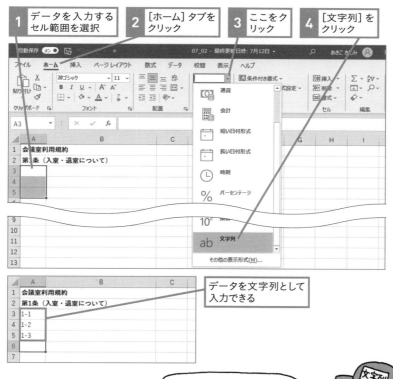

**1** データを入力する
セル範囲を選択

**2** ［ホーム］タブを
クリック

**3** ここをク
リック

**4** ［文字列］を
クリック

データを文字列として
入力できる

Excelさーん、セルA3〜A5に
入力するのは文字列ですよー。
日付に変換しないでねー！

「/」（スラッシュ）の入力には
この方法を使えない。先頭に
「'」を付けて「'/」と入力しよう。

# 勝手な自動設定を断固阻止してイライラを解決

名簿に氏名を入力するとき、1文字入力したら勝手にほかの人の名前が表示されるの。「高橋」って入力したいのに！　イライラ。

| | A | B | C |
|---|---|---|---|
| 1 | 社員名簿 | | |
| 2 | 社員番号 | 姓 | 名 |
| 3 | 1001 | 竹野内 | 翔太 |
| 4 | 1002 | 渡辺 | 浩紀 |
| 5 | 1003 | た竹野内 | |

セルにメアドを入力すると、勝手にリンクが設定されるじゃない？　それも困る。イライライラ。

あと、データを入力すると、勝手にセルに色が付くことがある。これも迷惑！イライライライラ。

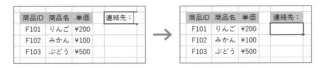

Excelはとても親切なアプリだから、自動でいろいろな設定をしてくれる。しかし、ときには余計なお世話と感じることもある。そこで、勝手な自動設定をオフにする方法を紹介していこう。

快適に入力できる環境を整えて、イライラを解決するのね！

## ▶オートコンプリートの設定をオフにする

セルに最初の数文字を入力すると、同じ列に入力されているデータをもとに、入力候補が表示されます。この機能を「オートコンプリート」と呼びます。入力候補を無視してそのまま入力を続ければ、別のデータを入力できます。また、Delete キーを押せば、表示された入力候補を削除できます。こうした操作が煩わしい場合は、機能をオフにするいいでしょう。

●オートコンプリートとは

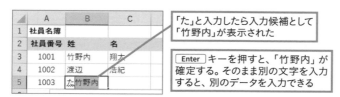

「た」と入力したら入力候補として「竹野内」が表示された

Enter キーを押すと、「竹野内」が確定する。そのまま別の文字を入力すると、別のデータを入力できる

●オートコンプリートをオフにする

27ページを参考に[Excelのオプション]ダイアログボックスを表示しておく

**1** [詳細設定]をクリック

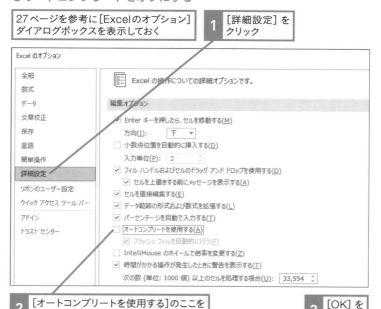

**2** [オートコンプリートを使用する]のここをクリックしてチェックマークをはずす

**3** [OK]をクリック

## ▶ハイパーリンクの自動設定をオフにする

セルにメールアドレスやURLを入力すると、ハイパーリンクが自動設定されます。設定直後であれば、[元に戻す]ボタンや Ctrl + Z キーでハイパーリンクを解除できます。最初からハイパーリンクが自動設定されないようにしたい場合は、以下の手順で機能をオフにしましょう。

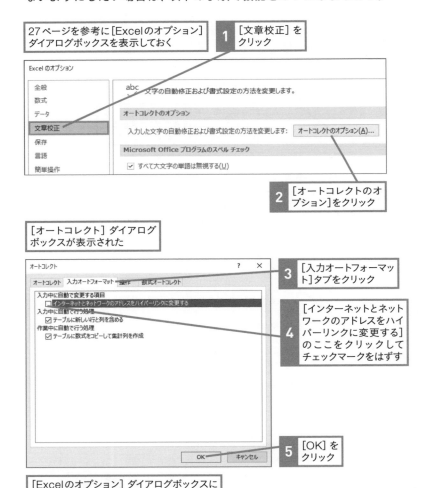

27ページを参考に[Excelのオプション]ダイアログボックスを表示しておく

1 [文章校正]を
クリック

2 [オートコレクトのオプション]をクリック

[オートコレクト]ダイアログボックスが表示された

3 [入力オートフォーマット]タブをクリック

4 [インターネットとネットワークのアドレスをハイパーリンクに変更する]のここをクリックしてチェックマークをはずす

5 [OK]を
クリック

[Excelのオプション]ダイアログボックスに戻るので、[OK]をクリックする

## ▶書式の自動拡張をオフにする

Excelの初期設定では、入力するセルの上や左にある5つのセルのうち、少なくとも3つに同じ書式が設定されていると、新しく入力したセルに同じ書式が適用されます。また、入力するセルの上にある4行に数式が入力されていると、新しい行にも数式が自動入力されます。

書式や数式の自動拡張機能は、下図の操作でオフにできます。ひとまとめの機能なので、書式と数式のオン/オフが同時に設定されます。

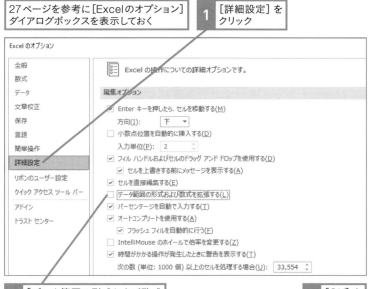

27ページを参考に[Excelのオプション]ダイアログボックスを表示しておく

**1** [詳細設定] をクリック

**2** [データ範囲の形式および数式を拡張する] のここをクリックしてチェックマークをはずす

**3** [OK] をクリック

---

🐾 **このLESSONのポイント**

- データを入力した通りにセルに表示するには、先頭に「'」を付けるか、セルに[文字列]の表示形式を設定してから入力する
- 自動設定機能が煩わしい場合は機能をオフにするとよい

# EPILOGUE

 栞さん、お帰りなさい。ミケも一緒だったんだね。

 はい。今、隣の部署のお手伝いから戻ってきました。

 お疲れ様。大活躍だったそうだね。栞さんは仕事が速いって、お隣さんが喜んでいたよ。

 ニャーオ（ボクが鍛えましたからね！）。

 ショートカットキーで大きな表を縦横無尽に移動していたら、入力に駆り出された同期の仲間たちが目を丸くしていました。

 噂だと、入力効率化の提案までしたそうじゃないか。

 はい。日本語入力の自動切り替えやリスト入力などの設定をしておけば、今後もずっとラクできますから。

 ニャーオ（ボクの受け売りだけどネ！）。

 ミケもお隣に出張で疲れているだろうから、おやつにしよう。

 ニャン！

# 第 3 章

# 作ったら終わりじゃダメ
# 運用しやすい表作り

課長、12月に東京で販売した
キャットフードのデータを
お渡しします。

栞さんは
仕事が
早いね

# PROLOGUE

 先輩、何かお手伝いできることはありませんか？

 それじゃあ２つほど表の作成を頼むよ。１つは来週の会議で配る資料。昨年と今年の売上集計表を渡すから、２年分の数値を比較する表を作ってほしい。

 新しい表を作って、数値をコピペで貼り付ければ簡単そうですね。会議で配るなら、見栄えよく仕上げなきゃですね！

 ニャーオ（見栄えも大事だけど、肝心かなめは数値をいかに見やすく表示するかだよ！）。

 もう１つは、データベースの作成。今度テスト販売する新商品の販売データを貯める入れ物を作ってほしいんだ。

 デ、データベースですか……。

 データベースはあとでデータ分析するための貴重な情報源になるから、運用しやすい表にしてほしい。

 しょ、承知しました……（私にできるかな？）。

 ニャーオ（もちろん！　一緒にがんばろう！）。

## LESSON 08 表示形式
# データを見やすく表示しよう

 データを見やすく表示するには表示形式の設定が重要だよ。

 表示形式って、確かデータの見た目を変える機能のことね。

## SECTION 1 表示形式って一体何？

**表示形式は、セルの値自体は変えずにデータの見た目を変える、セルの書式（修飾機能）の1つです。**

セルの値や書式は、下図のようにそれぞれ別々の記憶の箱に格納されています。フォントサイズを初期設定の「11」から「16」に変えると、値はそのままフォントサイズの箱の中身だけが「16」に変わります。それと同じで、表示形式を初期設定の「標準」から「通貨表示形式」に変更すると、表示形式の箱の中身は変わりますが、値そのものは変わりません。

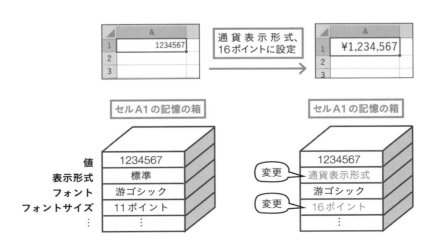

75

# 2 数値を見やすく表示するには

 数値にはいろいろな表示形式が用意されているよ。

 通貨、桁区切り、パーセントだけじゃないの?

 小数の表示桁数を変えたり、千単位や百万単位で表示したり、表示形式を使っていろいろな表示に変えられるんだ。

## ▶小数の表示桁数を変えるには

練習用ファイル ▶ 08_01.xlsx

小数点以下の表示桁数は、[ホーム] タブのボタンを使って簡単に調整できます。平均値や目標達成率などを計算したときの小数点以下を揃えるときなどに使用します。

### ●小数点以下を1桁に統一する

数値のセルを選択しておく

1 [ホーム] タブをクリック

2 [小数点以下の表示桁数を減らす]を何度かクリック

小数点以下が1桁に
揃えられた

小数点以下を増やしたいときは［小数点
以下の表示桁数を増やす］をクリックする

| | A | B | C | D | E | F |
|---|---|---|---|---|---|---|
| 1 | 商品評価 | | | | | |
| 2 | 品番 | 操作性 | 機能性 | デザイン | 平均 | |
| 3 | P-101 | 8 | 9 | 6 | 7.7 | |
| 4 | P-102 | 9 | 6 | 7 | 7.3 | |
| 5 | P-103 | 8 | 7 | 9 | 8.0 | |
| 6 | | | | | | |
| 7 | | | | | | |

## ▶表示形式を解除して初期状態に戻すには

通貨表示形式やパーセントスタイル、小数点以下の表示桁数などの設定
を解除するには、セルに［標準］の表示形式を設定します。［標準］とは、初
期状態のセルに設定されている表示形式です。

●数値の表示形式を解除する

表示形式を解除するセルを選択しておく

**1** ［ホーム］タブを
クリック

**2** ［数値の書式］の
ここをクリック

**3** ［標準］を
クリック

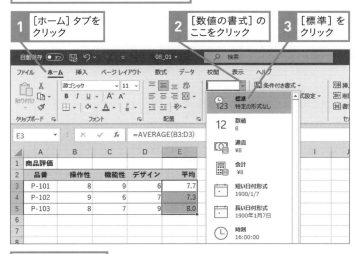

数値が76ページの
操作1の状態に戻る

## ▶数値の頭に「0」を付けて4桁で表示

練習用ファイル ▶ 08_02.xlsx

表示形式を自分で定義することもできます。**自分で定義する表示形式の ことを「ユーザー定義の表示形式」といいます。**

「0000」というユーザー定義の表示形式を設定すると、数値を4桁で表示 できます。セルの値が「1」の場合は「0001」、「123」の場合は「0123」とい う具合に先頭に「0」が補われて4桁の表示になります。**表示形式の定義 に使用する記号を「書式記号」と呼びます。**「0」（ゼロ）は、数値の1桁を 表す書式記号です。

ここでは、「0000」の 設定を例に、ユー ザー定義の表示形式 の設定方法を紹介す るよ。

これ以降のページで ユーザー定義の表示 形式を設定するとき は、このページの手 順を参考にしてね。

●セルに「0000」の表示形式を設定する

1 表示形式を設定 するセルを選択

2 [ホーム] タブを クリック

3 [数値]のここを クリック

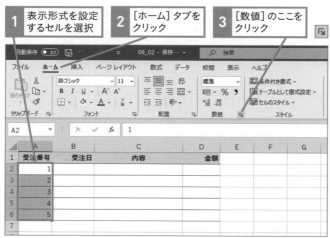

操作2〜3の代わりに、Ctrl + 1 キーを押しても いいよ。ただし、テンキーの 1 キーは不可だよ。

第3章 作ったら終わりじゃダメ 運用しやすい表作り

[セルの書式設定]ダイアログボックスが表示された

**4** [表示形式]タブをクリック

**5** [ユーザー定義]をクリック

**6** [種類]に「0000」と入力

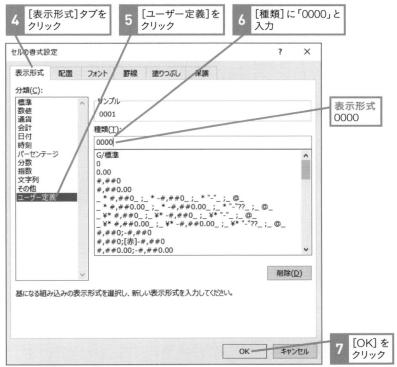

セルの書式設定　　　　　　　　　　　　　? ×

表示形式　配置　フォント　罫線　塗りつぶし　保護

分類(C):
標準
数値
通貨
会計
日付
時刻
パーセンテージ
分数
指数
文字列
その他
ユーザー定義

サンプル
0001

種類(T):
0000

G/標準
0
0.00
#,##0
#,##0.00
_ * #,##0_ ;_ * -#,##0_ ;_ * "-"_ ;_ @_
_ * #,##0.00_ ;_ * -#,##0.00_ ;_ * "-"??_ ;_ @_
_ ¥* #,##0_ ;_ ¥* -#,##0_ ;_ ¥* "-"_ ;_ @_
_ ¥* #,##0.00_ ;_ ¥* -#,##0.00_ ;_ ¥* "-"??_ ;_ @_
#,##0;-#,##0
#,##0;[赤]-#,##0
#,##0.00;-#,##0.00

表示形式 0000

削除(D)

基になる組み込みの表示形式を選択し、新しい表示形式を入力してください。

OK　　キャンセル

**7** [OK]をクリック

| ▲ | A | B | C | D | E |
|---|---|---|---|---|---|
| 1 | 受注番号 | 受注日 | 内容 | 金額 | |
| 2 | 0001 | | | | |
| 3 | 0002 | | | | |
| 4 | 0003 | | | | |
| 5 | 0004 | | | | |
| 6 | 0005 | | | | |
| 7 | | | | | |

数値の先頭に「0」を補って4桁で表示できた

セルの数値が4桁より多い場合、数値がそのまま表示されるよ。

セルの数値が「12345」の場合は5桁のまま「12345」と表示されるってことね。

## ▶「1234」を「1,234人」と表示するには

練習用ファイル ▶ 08_03.xlsx

78ページを参考に「#,##0」というユーザー定義の表示形式を設定すると、数値を3桁区切りで表示できます。

> 「#,##0」は、3桁区切りの公式として覚えてね。

●数値を3桁区切りで表示する

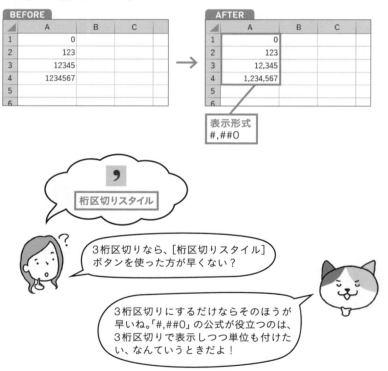

表示形式
#,##0

> **,**
> 桁区切りスタイル

> 3桁区切りなら、［桁区切りスタイル］ボタンを使った方が早くない？

> 3桁区切りにするだけならそのほうが早いね。「#,##0」の公式が役立つのは、3桁区切りで表示しつつ単位も付けたい、なんていうときだよ！

「1234」を「1,234人」と表示したい場合など、数値に単位を付けて表示するには、単位をダブルクォーテーションで囲んで「#,##0"人"」のように設定します。

表示形式を使用して「人」の単位を付けた「1,234人」は、「1234」という数値として計算に使用できます。**セルに「1,234人」と入力してしまうと、数値の「1234」として扱えず、計算に使用できないので注意してください。**

●数値に単位の「人」を付けて表示する

| BEFORE | | | |
|---|---|---|---|
| | A | B | C | D |
| 1 | 開催日 | 集客数 | | |
| 2 | 9月1日 | 1234 | | |
| 3 | 9月2日 | 1857 | | |
| 4 | 合計 | 3091 | | |
| 5 | | | | |
| 6 | | | | |

→

| AFTER | | | |
|---|---|---|---|
| | A | B | C | D |
| 1 | 開催日 | 集客数 | | |
| 2 | 9月1日 | 1,234人 | | |
| 3 | 9月2日 | 1,857人 | | |
| 4 | 合計 | 3,091人 | | |
| 5 | | | | |
| 6 | | | | |

表示形式
#,##0"人"

ちなみに「0"人"」と設定すると、「1234人」のように桁区切りせずに「人」を表示できるよ。

**STEP UP!**

# 「0」と「#」はどう使い分けるの?

「書式記号」の「0」(ゼロ)と「#」(シャープ)は、どちらも数値の1桁を表しますが、「0」は書式記号の位置に数値が存在しない場合に0を補う特徴があります。「#」は0を補いません。

●表示形式とセルの表示

| 表示形式 | セルの値 | セルの表示 | 説明 |
|---|---|---|---|
| #,##0 | 0 | 0 | 「0」が表示される |
| #,### | | (空白) | 何も表示されない |
| 0.00 | 9.8 | 9.80 | 小数点第2位に「0」が表示される |
| 0.## | 9.8 | 9.8 | 小数点第2位に「0」が表示されない |
| 0.00 | 9.876 | 9.88 | 四捨五入されて、小数点第2位までが表示される |
| 0.## | | | |

## ▶ 数値の下3桁を省略するには

練習用ファイル ▶ 08_04.xlsx

財務の資料などで、数値を千単位や百万単位で表示することがあります。
「#,##0」の末尾に「,」を付けると、「,」が1つにつき数値の下3桁ずつを省
略できます。「#,##0,」なら下3桁、「#,##0,,」なら下6桁が省略されます。
その際に四捨五入が行われます。例えば下3桁を省略する場合、「12888」
は「13」に、「12333」は「12」になります。

●下3桁を省略する

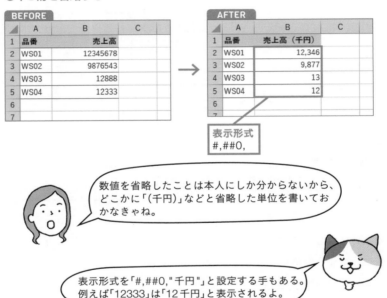

数値を省略したことは本人にしか分からないから、
どこかに「(千円)」などと省略した単位を書いてお
かなきゃね。

表示形式を「#,##0,"千円"」と設定する手もある。
例えば「12333」は「12千円」と表示されるよ。

**計算を行うときは、見えているデータではなくセルに保存されている値
が使われる**ことを覚えておいてください。例えば、セルに「12」と表示さ
れていてもセルの値が「12333」なら、「12333」が計算に使われます。

■■ **STEP UP!**　　　　　　　　　　　練習用ファイル ▶ 08_STEPUP.xlsx

# 「1.2E+0.8」って何？

幅の狭いセルに桁数の多い数値を入力すると、「1.2E+08」のよう
な表記になることがあります。この「1.2E+08」は指数表記の「1.2
×$10^8$」を意味しています。

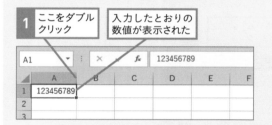

「123456789」を
入力したら指数で
表示された

数値が指数で表示されたときは、列の境界線をダブルクリックして
幅を広げると、指数表記を解除できます。

**1** ここをダブル
クリック

入力したとおりの
数値が表示された

ただし、12桁以上ある数値の場合は、セルの幅を広げても指数表記
が解除されません。その場合は、［ホーム］タブの［数値の書式］
の一覧から［数値］を選択すると、指数表記を解除できます。

なお、Excelで扱える数値の有効桁数は15桁です。16桁以上の数
値を入力した場合、16桁以降の数値が「0」で表示されます。例え
ば「12345678901234567」は「12345678901234500」になります。

クレジットカード番号など、16桁以上
の数字の並びは、67ページを参考に
［文字列］として入力するといいよ。

# 3 日付を見やすく表示するには

 日付は、和暦とか西暦とかいろいろな表示方法があるよね。

 日付も表示形式を使えば見た目を変えられるよ。

## ▶日付を和暦で表示するには

練習用ファイル ▶ 08_05.xlsx

[セルの書式設定] ダイアログボックスには、数値や日付のさまざまな表示形式が用意されています。日付を和暦で表示することもできます。

●日付を和暦で表示する

| 1 | 日付のセルを選択 | 2 | [ホーム] タブをクリック | 3 | [数値]のここをクリック |

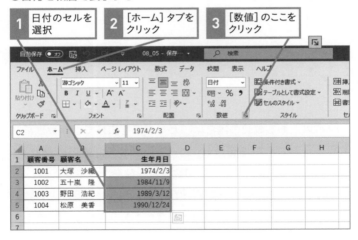

第3章 作ったら終わりじゃダメ 運用しやすい表作り

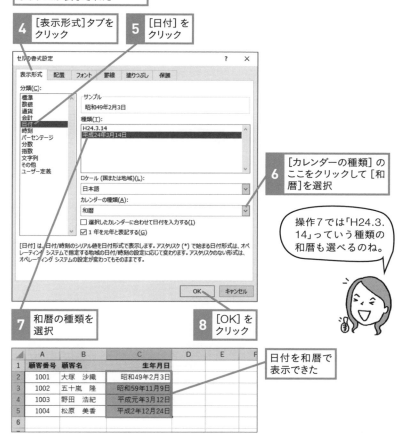

[セルの書式設定]ダイアログ
ボックスが表示された

**4** [表示形式]タブを
クリック

**5** [日付]を
クリック

**6** [カレンダーの種類]の
ここをクリックして[和
暦]を選択

操作7では「H24.3.
14」っていう種類の
和暦も選べるのね。

**7** 和暦の種類を
選択

**8** [OK]を
クリック

日付を和暦で
表示できた

| | A | B | C | D | E | F |
|---|---|---|---|---|---|---|
| 1 | 顧客番号 | 顧客名 | 生年月日 | | | |
| 2 | 1001 | 大塚　沙織 | 昭和49年2月3日 | | | |
| 3 | 1002 | 五十嵐　隆 | 昭和59年11月9日 | | | |
| 4 | 1003 | 野田　浩紀 | 平成元年3月12日 | | | |
| 5 | 1004 | 松原　美香 | 平成2年12月24日 | | | |
| 6 | | | | | | |

## STEP UP!

# 日付を「1974/2/3」の形式に戻すには

操作6の[カレンダーの種類]から[グレゴリオ暦]を選択し、操
作7の[種類]から[*2012/3/12]を選択すると、日付を初期設
定の表示に戻せます。

## ▶月と日を2桁で表示するには

練習用ファイル ▶ 08_06.xlsx

同じ列の中に1桁と2桁の月日があると、桁が揃わないので見栄えがよくありません。ユーザー定義の表示形式を使用して、「yyyy/mm/dd」を設定すると、桁がきれいに揃います。ユーザー定義の表示形式の設定方法は、78ページを参照してください。

●月と日を2桁に揃える

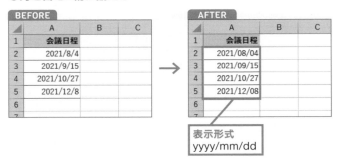

表示形式
yyyy/mm/dd

「mm」は「月」、「dd」は「日」を
2桁で表示する書式記号ね！

「月」や「日」をそのまま表示したいときは
「m」「d」という書式記号を使ってね。

●書式記号の設定例

| 表示形式 | セルの値 | セルの表示 |
| --- | --- | --- |
| m/d | 2021/9/15 | 9/15 |
| mm/dd | 2021/9/15 | 09/15 |
| mm"月"dd"日" | 2021/12/1 | 12月01日 |
| yyyy"年"mm"月"dd"日" | 2021/12/1 | 2021年12月01日 |

## ▶日付を曜日付きで表示するには

練習用ファイル ▶ 08_07.xlsx

書式記号の「aaa」を使うと「木」、「aaaa」を使うと「木曜日」の形式で曜日を表示できます。

● 「9/23(木)」の形式で表示する

**BEFORE**

| ▲ | A | B | C |
|---|---|---|---|
| 1 | セール日程 | | |
| 2 | 2021/9/23 | | |
| 3 | 2021/10/23 | | |
| 4 | 2021/11/23 | | |
| 5 | 2021/12/23 | | |
| 6 | | | |
| 7 | | | |

→

**AFTER**

| ▲ | A | B | C |
|---|---|---|---|
| 1 | セール日程 | | |
| 2 | 9/23(木) | | |
| 3 | 10/23(土) | | |
| 4 | 11/23(火) | | |
| 5 | 12/23(木) | | |
| 6 | | | |
| 7 | | | |

表示形式
m/d(aaa)

日付と一緒に曜日を表示すると分かりやすいね。

セルに直接「2021/9/23(火)」と入力すると、Excelで日付として扱えなくなるから気を付けてね。

●書式記号の設定例

| 表示形式 | セルの値 | セルの表示 |
|---|---|---|
| mm/dd(aaa) | 2021/9/23 | 09/23(木) |
| yyyy"年"m"月"d"日"aaaa | 2021/9/23 | 2021年9月23日木曜日 |

**このLESSONのポイント**

- 表示形式を設定すると、データの見た目を変えられる
- ユーザー定義の表示形式を使用すると、独自の表示形式を定義できる

第3章 作ったら終わりじゃダメ 運用しやすい表作り

# 表の書式設定のコツ

先輩が作った表と見比べると、私の表って今一つあか抜けないんだよね。
何がいけないのかな?

●栞が作った表　　　　　　　　　　　　　　　練習用ファイル ▶ 09_01.xlsx

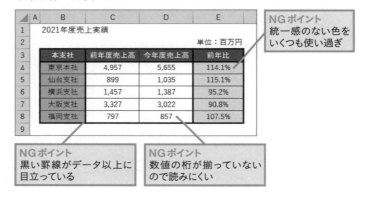

NGポイント
統一感のない色を
いくつも使い過ぎ

NGポイント
黒い罫線がデータ以上に
目立っている

NGポイント
数値の桁が揃っていない
ので読みにくい

| | 本支社 | 前年度売上高 | 今年度売上高 | 前年比 |
|---|---|---|---|---|
| | 東京本社 | 4,957 | 5,655 | 114.1% |
| | 仙台支社 | 899 | 1,035 | 115.1% |
| | 横浜支社 | 1,457 | 1,387 | 95.2% |
| | 大阪支社 | 3,327 | 3,022 | 90.8% |
| | 福岡支社 | 797 | 857 | 107.5% |

2021年度売上実績　　単位:百万円

●先輩が作った表

2020年度売上実績　　単位:百万円

| 本支社 | 前年度売上高 | 今年度売上高 | 前年比 |
|---|---|---|---|
| 東京本社 | 5,022 | 4,957 | 98.7% |
| 仙台支社 | 755 | 899 | 119.1% |
| 横浜支社 | 1,634 | 1,457 | 89.2% |
| 大阪支社 | 3,025 | 3,327 | 110.0% |
| 福岡支社 | 709 | 797 | 112.4% |

栞ちゃんのは野暮ったい罫線が目立ち過ぎ。数値の桁が揃っていないから
読みづらいし、色を使い過ぎだよ。

# 1 表のデザインはシンプルに！

人に見せる表は、見栄えよく仕上げたいものです。ただし、華美な装飾は禁物です。データの見やすさを最優先に、シンプルにセンスよく仕上げるコツを見ていきましょう。

## ▶罫線は控えめに！

罫線を引くときに、[ホーム]タブの罫線のボタンを安易に使っていないでしょうか。確かに[ホーム]タブの罫線の一覧にある[格子]を使うと、簡単に表に格子罫線を設定できます。また、[太い外枠]を使うと、セル範囲を太枠で囲めます。これらの設定方法は簡単で便利ですが、罫線の黒さが一際目立ってしまうのが欠点です。

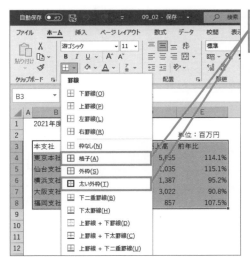

[格子]や[太い外枠]を使うと罫線が目立ち過ぎる恐れがある

罫線の設定を控えめにするのが、表の主役であるデータを目立たせるポイントです。次ページを参考に、罫線の色は黒よりワンランク薄めのグレーを使うといいでしょう。また、列間にスペースを取れる場合は、縦線をなくしてスッキリさせましょう。

## ●グレーの横線を設定する

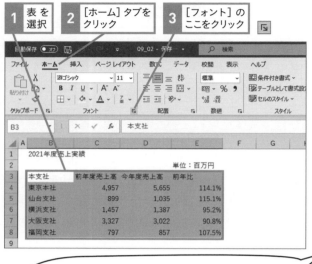

| 1 | 表を選択 | 2 | [ホーム] タブをクリック | 3 | [フォント] のここをクリック |
|---|---|---|---|---|---|

B3 … 本支社

| | A | B | C | D | E | F | G |
|---|---|---|---|---|---|---|---|
| 1 | | 2021年度売上実績 | | | | | |
| 2 | | | | | 単位：百万円 | | |
| 3 | | 本支社 | 前年度売上高 | 今年度売上高 | 前年比 | | |
| 4 | | 東京本社 | 4,957 | 5,655 | 114.1% | | |
| 5 | | 仙台支社 | 899 | 1,035 | 115.1% | | |
| 6 | | 横浜支社 | 1,457 | 1,387 | 95.2% | | |
| 7 | | 大阪支社 | 3,327 | 3,022 | 90.8% | | |
| 8 | | 福岡支社 | 797 | 857 | 107.5% | | |
| 9 | | | | | | | |

ここでは罫線の設定が分かるように、A列を空白にしているよ。また、[表示]タブ-[表示]-[目盛線]のチェックをはずして、セルの枠線を非表示にしているよ。

| [セルの書式設定] ダイアログボックスが表示された | 4 | [罫線] タブをクリック |
|---|---|---|

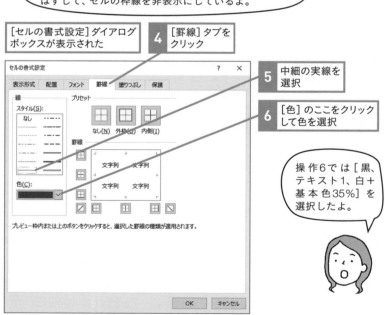

| 5 | 中細の実線を選択 |
|---|---|

| 6 | [色] のここをクリックして色を選択 |
|---|---|

操作6では [黒、テキスト1、白＋基本色35%] を選択したよ。

90

**7** 3つの横線のボタンを
それぞれクリック

**8** プレビュー欄で横線が
引かれたことを確認

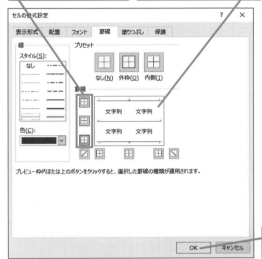

セルの書式設定 ? ×

表示形式　配置　フォント　**罫線**　塗りつぶし　保護

線
スタイル(S):
なし

色(C):

罫線

プリセット

なし(N)　外枠(O)　内側(I)

文字列　　文字列

文字列　　文字列

プレビュー枠内または上のボタンをクリックすると、選択した罫線の種類が適用されます。

OK　　キャンセル

**9** [OK]を
クリック

**10** 罫線を確認するため、
任意のセルをクリック

表の各行にグレーの
横線を引けた

| | A | B | C | D | E | F |
|---|---|---|---|---|---|---|
| 1 | | 2021年度売上実績 | | | | |
| 2 | | | | | 単位：百万円 | |
| 3 | | 本支社 | 前年度売上高 | 今年度売上高 | 前年比 | |
| 4 | | 東京本社 | 4,957 | 5,655 | 114.1% | |
| 5 | | 仙台支社 | 899 | 1,035 | 115.1% | |
| 6 | | 横浜支社 | 1,457 | 1,387 | 95.2% | |
| 7 | | 大阪支社 | 3,327 | 3,022 | 90.8% | |
| 8 | | 福岡支社 | 797 | 857 | 107.5% | |
| 9 | | | | | | |
| 10 | | | | | | |

[セルの書式設定]ダイアログボックス
の[罫線]タブでは、罫線のスタイル、色、
引く位置などを細かく指定できるよ。

上罫線と下罫線は実線、内側の横線は
点線、なんていう指定もできるね。

## ▶ 見出しの配置をデータに揃える

今回のように表に縦の罫線を入れない場合、列見出しとデータの配置を揃えないと対応が分かりづらくなります。文字の列は左揃え、数値の列は右揃えにしましょう。表の左右にゆとりを持たせたい場合は、インデントを設定するとよいでしょう。

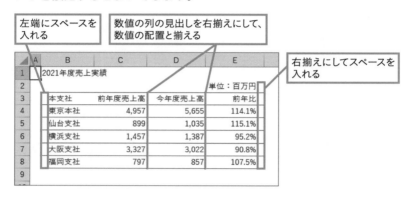

左端にスペースを入れる

数値の列の見出しを右揃えにして、数値の配置と揃える

右揃えにしてスペースを入れる

●文字の配置を設定する

1 表の1列目を選択

2 [ホーム] タブをクリック

3 [インデントを増やす]をクリック

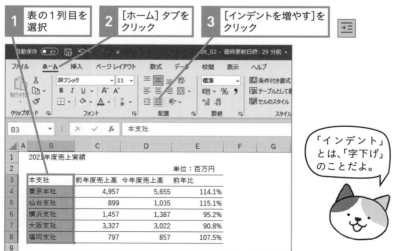

「インデント」とは、「字下げ」のことだよ。

左端に1文字分の
スペースが入った

**4** 表の最終列の
セルを選択

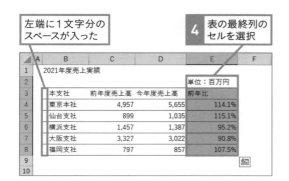

**5** [右揃え]を
クリック

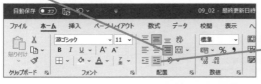

**6** [インデントを
増やす]をク
リック

右端に1文字分の
スペースが入った

右揃えとインデント
の両方を設定すると、
右端にスペースがで
きるんだね。

[右揃え]を設定しておく

インデントを減らす

インデントを解除し
たときは、[インデン
トを減らす]ボタンを
クリックしてね。

## ▶色は控えめに！

表に塗りつぶしの色を設定するときは、データの邪魔にならない薄い色を選ぶといいでしょう。濃い色を使いたい場合は、文字の色を白に変えるなどして、文字の読みやすさに気を配りましょう。

色を設定するセルを選択しておく

**1** [ホーム] タブをクリック

**2** [塗りつぶしの色] のここをクリック

2～3段目にある薄い色を選ぶと文字が見やすい

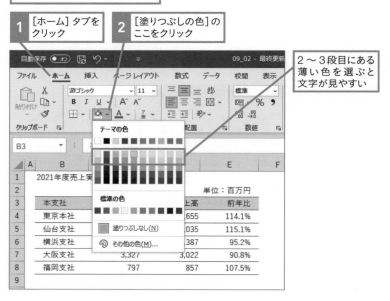

色数が多いと表が雑然とするから控えめにね！ 複数の色を使いたいときは、同じ列から選ぶと同系色でスッキリ統一できるよ。

## ▶「BIZ UD」系のフォントがおススメ

フォントの見やすさにもこだわりたい場合は、**Windows 10に搭載されている「BIZ UD」系のフォントがおススメ**です。セルの標準のフォントの游ゴシックに比べ、同じフォントサイズでも大きくはっきりと見えやすいのが特長です。また、**游ゴシックでは大文字の「I」（アイ）と小文字の「l」（エル）**など区別しづらい文字がありますが、BIZ UD系ならきちんと区別が付きます。注文書の商品の型番など、見間違えが致命傷となるデータにも安心して使えます。

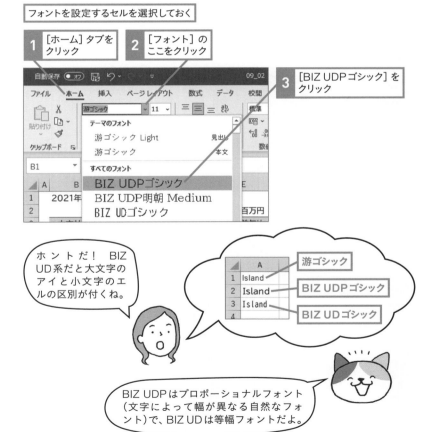

フォントを設定するセルを選択しておく

1 ［ホーム］タブをクリック

2 ［フォント］のここをクリック

3 ［BIZ UDPゴシック］をクリック

ホントだ！ BIZ UD系だと大文字のアイと小文字のエルの区別が付くね。

| | A |
|---|---|
| 1 | Island — 游ゴシック |
| 2 | Island — BIZ UDPゴシック |
| 3 | Island — BIZ UDゴシック |

BIZ UDPはプロポーショナルフォント（文字によって幅が異なる自然なフォント）で、BIZ UDは等幅フォントだよ。

# 2 列幅を揃えて見た目を美しく

列幅が適切でないと、文字データが欠けたり、数値が「####」と表示されたりすることがあります。データがきちんと表示されるように、列幅を調整しましょう。

## ▶ダブルクリックで列幅を調整    練習用ファイル ▶ 09_03.xlsx

列番号の境界線をダブルクリックすると、データが表示される最低限の列幅に自動調整されます。

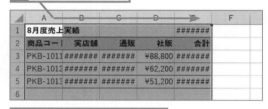

**1** 列番号をドラッグして列全体を選択

**2** 選択した列の任意の境界線をダブルクリック

1つの列幅だけを自動調整する場合は、事前に列を選択せずにダブルクリックするだけでOK。

選択された列の幅が自動調整された

列内のすべてのデータが表示された

| | A | B | C | D | E | F |
|---|---|---|---|---|---|---|
| 1 | 8月度売上実績 | | | | 2021/9/10 | |
| 2 | 商品コード | 実店舗 | 通販 | 社販 | 合計 | |
| 3 | PKB-1011-LM | ¥12,791,900 | ¥7,712,700 | ¥88,800 | ¥20,593,400 | |
| 4 | PKB-1012-LM | ¥11,257,200 | ¥6,897,500 | ¥62,200 | ¥18,216,900 | |
| 5 | PKB-1013-LM | ¥10,475,800 | ¥6,219,800 | ¥51,200 | ¥16,746,800 | |
| 6 | | | | | | |

## ▶ドラッグで複数列の列幅を統一する 練習用ファイル ▶ 09_03.xlsx

複数の列を同じ幅に揃えたいときは、複数の列を選択して列番号の境界線をドラッグします。

> 列番号をドラッグして列を選択しておく

**1** 選択した列の任意の境界線をドラッグ

行の高さも同様の方法で変更できるよ。

| | A | B | C | D | E |
|---|---|---|---|---|---|
| 1 | 8月度売上実績 | | | | 2021/9/10 |
| 2 | 商品コード | 実店舗 | 通販 | 社販 | 合計 |
| 3 | PKB-1011-LM | ¥12,791,900 | ¥7,712,700 | ¥88,800 | ¥20,593,400 |
| 4 | PKB-1012-LM | ¥11,257,200 | ¥6,897,500 | ¥62,200 | ¥18,216,900 |
| 5 | PKB-1013-LM | ¥10,475,800 | ¥6,219,800 | ¥51,200 | ¥16,746,800 |
| 6 | | | | | |

> 選択した列が同じ列幅に統一された

| | A | B | C | D | E |
|---|---|---|---|---|---|
| 1 | 8月度売上実績 | | | | 2021/9/10 |
| 2 | 商品コード | 実店舗 | 通販 | 社販 | 合計 |
| 3 | PKB-1011-LM | ¥12,791,900 | ¥7,712,700 | ¥88,800 | ¥20,593,400 |
| 4 | PKB-1012-LM | ¥11,257,200 | ¥6,897,500 | ¥62,200 | ¥18,216,900 |
| 5 | PKB-1013-LM | ¥10,475,800 | ¥6,219,800 | ¥51,200 | ¥16,746,800 |
| 6 | | | | | |

## ▶表のデータに合わせて列幅を自動調整 練習用ファイル ▶ 09_04.xlsx

あれ、ダブルクリックしたら、セルA1のタイトルに合わせて、表の1列目が間延びしちゃった！

| | A | B | C | D | E |
|---|---|---|---|---|---|
| 1 | 第1営業部取引先リスト | | | | |
| 2 | | | | | |
| 3 | No | | 取引先名 | 電話番号 | 担当者 |
| 4 | | 1 | 株式会社コ | 03-3456-X | 長嶋 |
| 5 | | 2 | 株式会社コ | 03-4567-X | 本村 |
| 6 | | 3 | できる商事 | 03-5678-X | 五十嵐 |
| 7 | | 4 | できる企画 | 03-6789-X | 菅田 |
| 8 | | | | | |

タイトルが長い表で列幅を自動調整すると、タイトルの長さに合わせて
列幅が広がってしまいます。タイトルを除いた範囲で自動調整するには、
[書式]ボタンを使います。

操作4のメニューから[行の高さの
自動調整]も選べるよ。

 このLESSONのポイント

- データが目立つように、表のデザインはシンプルにしよう
- 列幅を適切に調整して、データがきちんと見えるようにしよう

# LESSON 10 コピー／貼り付け
## 似ている表は コピーで作ればカンタン

 前に作ったのと似ている表を新たに作るときは、コピーを利用すると効率的だよ。

 表をコピーして数値だけ書き換える、って作業、結構あるよ。

**1** 表をコピー

| | A | B | C | D | E | F | G | H |
|---|---|---|---|---|---|---|---|---|
| 1 | 東店 | | | 西店 | | | 中央店 | |
| 2 | 月 | 売上高 | | 月 | 売上高 | | 月 | 売上高 |
| 3 | 4月 | ¥1,234 | | 4月 | ¥500 | | 4月 | ¥1,000 |
| 4 | 5月 | ¥2,014 | | 5月 | ¥600 | | 5月 | ¥2,000 |
| 5 | 6月 | ¥3,324 | | 6月 | ¥700 | | 6月 | ¥3,000 |
| 6 | 合計 | ¥6,572 | | 合計 | ¥1,800 | | 合計 | ¥6,000 |
| 7 | | | | | | | | |

**2** 数値を書き換える

 数値を書き換えると合計も計算し直されるから便利だよね。

 あと、自分でイチから表を作るときに、数値だけ他からコピーしたいことがある。

自分で作った表

| | A | B | C | D | E | F | G | H | I | J |
|---|---|---|---|---|---|---|---|---|---|---|
| 1 | 2020年度売上数 | | | | | 2021年度売上数分析 | | | | |
| 2 | 商品ID | 上期 | 下期 | 合計 | | 商品ID | 前年度 | 今年度 | 前年比 | |
| 3 | T-101 | 2,085 | 1,240 | 3,325 | | T-101 | 3325 | | | |
| 4 | T-102 | 2,926 | 2,513 | 5,439 | | T-102 | 5439 | | | |
| 5 | T-103 | 1,259 | 2,886 | 4,145 | | T-103 | 4145 | | | |
| 6 | | | | | | | | (Ctrl) | | |

**1** 数値をコピー

 コピーって簡単そうでいて奥が深いから、基本から学んでいこう。

# 1 とにもかくにもコピーの基本

まずは、単純なコピー／貼り付けの操作を押さえておきましょう。[コピー]を実行すると、コピーしたセルの周囲が点滅します。点滅している間は、何度でも[貼り付け]を実行できます。

ここでは下図のワークシートで、東店の売上表をコピーして、西店の売上表として貼り付けます。

**1** コピーするセル範囲を選択

| ▲ | A | B | C | D | E | F | G | H |
|---|---|---|---|---|---|---|---|---|
| 1 | 東店 | | | 西店 | | | 中央店 | |
| 2 | 月 | 売上高 | | | | | | |
| 3 | 4月 | ¥1,234 | | | | | | |
| 4 | 5月 | ¥2,014 | | | | | | |
| 5 | 6月 | ¥3,324 | | | | | | |
| 6 | 合計 | ¥6,572 | | | | | | |
| 7 | | | | | | | | |

**2** [ホーム]タブをクリック　　**3** [コピー]をクリック

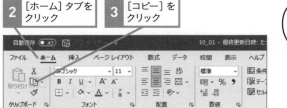

操作2〜3の代わりに Ctrl + C キーを押してもいいよ。

セルの周囲が点滅した　　**4** 貼り付け先のセルを選択

| ▲ | A | B | C | D | E | F | G | H |
|---|---|---|---|---|---|---|---|---|
| 1 | 東店 | | | 西店 | | | 中央店 | |
| 2 | 月 | 売上高 | | | | | | |
| 3 | 4月 | ¥1,234 | | | | | | |
| 4 | 5月 | ¥2,014 | | | | | | |
| 5 | 6月 | ¥3,324 | | | | | | |
| 6 | 合計 | ¥6,572 | | | | | | |
| 7 | | | | | | | | |

操作4で別のワークシートや別のブックのセルを選択して貼り付けることもできるね。

**5** [貼り付け]を
クリック

操作5の代わりに
Ctrl + V キーを押
してもいいよ。

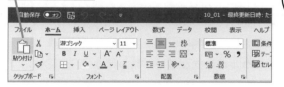

コピーしたセルが
貼り付けられた

| | A | B | C | D | E | F | G | H |
|---|---|---|---|---|---|---|---|---|
| 1 | 東店 | | | 西店 | | | 中央店 | |
| 2 | 月 | 売上高 | | 月 | 売上高 | | | |
| 3 | 4月 | ¥1,234 | | 4月 | ¥1,234 | | | |
| 4 | 5月 | ¥2,014 | | 5月 | ¥2,014 | | | |
| 5 | 6月 | ¥3,324 | | 6月 | ¥3,324 | | | |
| 6 | 合計 | ¥6,572 | | 合計 | ¥6,572 | | | |
| 7 | | | | | | (Ctrl) ▾ | | |

点滅が続いている間は、続けてほかの
セルに[貼り付け]を実行できる

Esc キーを押すか、別の
操作を行うと点滅が消える

**6** 西店の4月〜6月の
セルに数値を入力

操作6で入力した数値の
合計が計算される

| | A | B | C | D | E | F | G | H |
|---|---|---|---|---|---|---|---|---|
| 1 | 東店 | | | 西店 | | | 中央店 | |
| 2 | 月 | 売上高 | | 月 | 売上高 | | | |
| 3 | 4月 | ¥1,234 | | 4月 | ¥500 | | | |
| 4 | 5月 | ¥2,014 | | 5月 | ¥600 | | | |
| 5 | 6月 | ¥3,324 | | 6月 | ¥700 | | | |
| 6 | 合計 | ¥6,572 | | 合計 | ¥1,800 | | | |
| 7 | | | | | | | | |

数値のセルをコピーすると数値が貼り付けられ、数式の
セルをコピーすると数式が貼り付けられるよ。

セルE6にはセルB6の合計式が貼り付けられたから、
数値を書き換えると即座に計算し直されるんだね。

# コピーした表の数値が数式かどうかを素早く見分けるには

表をコピーして数値を書き換える際に、誤って数式を削除してしまうと後が面倒です。どのセルが数式なのかを見分けるには、[数式]タブにある[数式の表示]をクリックして、[数式の表示]モードをオンにします。すると、自動で列幅が広がり、セルの中に数式が表示されます。どのセルに数式が入力されているのか、一目瞭然になります。

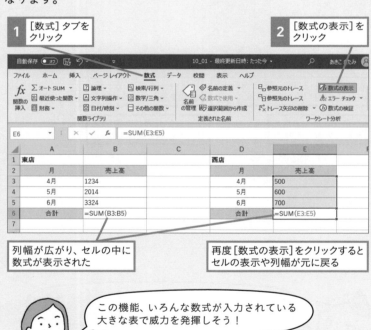

**1** [数式]タブをクリック

**2** [数式の表示]をクリック

列幅が広がり、セルの中に数式が表示された

再度[数式の表示]をクリックするとセルの表示や列幅が元に戻る

この機能、いろんな数式が入力されている大きな表で威力を発揮しそう！

「=SUM(○○)」は合計式だよ。この数式の意味は第4章で紹介するよ。

SECTION

**2** [貼り付けのオプション]徹底活用

練習用ファイル ▶ 10_02.xlsx

 次に自分で作った表に別の表から数値を貼り付けるパターンを見ていこう。

 数値の貼り付けって、結構トラブルのもとになるんだよね。

 栞ちゃんが遭遇したのはどんなトラブル?

| | A | B | C | D | E | F | G | H | I | J |
|---|---|---|---|---|---|---|---|---|---|---|
| 1 | 2020年度売上数 | | | | | 2021年度売上数分析 | | | | |
| 2 | 商品ID | 上期 | 下期 | 合計 | | 商品ID | 前年度 | 今年度 | 前年比 | |
| 3 | T-101 | 2,085 | 1,240 | 3,325 | | T-101 | | | | |
| 4 | T-102 | 2,926 | 2,513 | 5,439 | | T-102 | | | | |
| 5 | T-103 | 1,259 | 2,886 | 4,145 | | T-103 | | | | |
| 6 | | | | | | | | | | |

 セルG3に去年の売上数の合計を
コピーしたかったんだけど……。

 ふむふむ。

| | A | B | C | D | E | F | G | H | I | J |
|---|---|---|---|---|---|---|---|---|---|---|
| 1 | 2020年度売上数 | | | | | 2021年度売上数分析 | | | | |
| 2 | 商品ID | 上期 | 下期 | 合計 | | 商品ID | 前年度 | 今年度 | 前年比 | |
| 3 | T-101 | 2,085 | 1,240 | 3,325 | | T-101 | 0 | | | |
| 4 | T-102 | 2,926 | 2,513 | 5,439 | | T-102 | 0 | | | |
| 5 | T-103 | 1,259 | 2,886 | 4,145 | | T-103 | 0 | | | |
| 6 | | | | | | | (Ctrl) ▾ | | | |

 コピーしてみたら、数値が「0」になっちゃうし、
変な縞模様になっちゃうし、わけ分かんない!!

 栞ちゃん、数式を貼り付けたみたいだけど、貼り付け
たかったのは計算結果の"値"じゃないの?

## ▶計算結果の値だけを貼り付ける

合計式のセルをコピーして貼り付けると、貼り付け先で合計の計算が行われるため、コピー元のセルとは異なる計算結果となります。また、書式も貼り付けられるため、表の見た目が崩れることがあります。

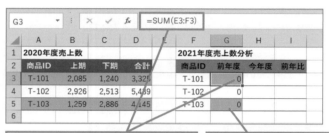

合計式が貼り付けられたが、貼り付け先に合計する数値がないので「0」になった

縞模様の書式が貼り付けられて見た目がおかしくなった

私が貼り付けたいのは、合計式じゃなくて去年の合計の「数値」なの！！

そんなときは、貼り付けの種類を［値］に変更すればいいんだよ！

貼り付け後に表示される［貼り付けのオプション］を使うと、貼り付けの種類をあとから変更できます。106ページで紹介するように、さまざまな貼り付け方法が用意されています。

今回の例では、貼り付けの種類として［値］を選択すると、数式の結果の値を貼り付けることができます。その際、コピー元の書式が除外されて貼り付けられるので、表の見た目が崩れることもありません。

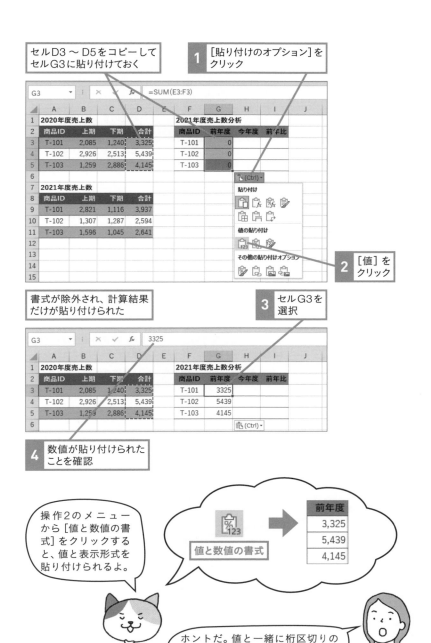

セルD3 ～ D5をコピーして
セルG3に貼り付けておく

**1** [貼り付けのオプション]を
クリック

| G3 | | | × | ✓ | fx | =SUM(E3:F3) | | | |
|---|---|---|---|---|---|---|---|---|---|
| | A | B | C | D | E | F | G | H | I | J |
| 1 | 2020年度売上数 | | | | | 2021年度売上数分析 | | | |
| 2 | 商品ID | 上期 | 下期 | 合計 | | 商品ID | 前年度 | 今年度 | 前年比 |
| 3 | T-101 | 2,085 | 1,240 | 3,325 | | T-101 | 0 | | |
| 4 | T-102 | 2,926 | 2,513 | 5,439 | | T-102 | 0 | | |
| 5 | T-103 | 1,259 | 2,886 | 4,145 | | T-103 | 0 | | |
| 6 | | | | | | | | | |
| 7 | 2021年度売上数 | | | | | | | | |
| 8 | 商品ID | 上期 | 下期 | 合計 | | | | | |
| 9 | T-101 | 2,821 | 1,116 | 3,937 | | | | | |
| 10 | T-102 | 1,307 | 1,287 | 2,594 | | | | | |
| 11 | T-103 | 1,596 | 1,045 | 2,641 | | | | | |
| 12 | | | | | | | | | |
| 13 | | | | | | | | | |
| 14 | | | | | | | | | |
| 15 | | | | | | | | | |

**2** [値]を
クリック

書式が除外され、計算結果
だけが貼り付けられた

**3** セルG3を
選択

| G3 | | | × | ✓ | fx | 3325 | | | |
|---|---|---|---|---|---|---|---|---|---|
| | A | B | C | D | E | F | G | H | I | J |
| 1 | 2020年度売上数 | | | | | 2021年度売上数分析 | | | |
| 2 | 商品ID | 上期 | 下期 | 合計 | | 商品ID | 前年度 | 今年度 | 前年比 |
| 3 | T-101 | 2,085 | 1,240 | 3,325 | | T-101 | 3325 | | |
| 4 | T-102 | 2,926 | 2,513 | 5,439 | | T-102 | 5439 | | |
| 5 | T-103 | 1,259 | 2,886 | 4,145 | | T-103 | 4145 | | |
| 6 | | | | | | | | | |

**4** 数値が貼り付けられた
ことを確認

操作2のメニュー
から[値と数値の書
式]をクリックする
と、値と表示形式を
貼り付けられるよ。

値と数値の書式 →

| 前年度 |
|---|
| 3,325 |
| 5,439 |
| 4,145 |

ホントだ。値と一緒に桁区切りの
表示形式が貼り付けられてる！

第3章 作ったら終わりじゃダメ 運用しやすい表作り

●よく使う貼り付け方法

| | 貼り付け方法 | 説明 |
|---|---|---|
| | 貼り付け | 通常の貼り付け |
| | 数式 | コピー元の値や数式が、値や数式のまま貼り付けられる。書式は貼り付けられない |
| | 数式と数値の書式 | コピー元の値や数式が、値や数式のまま貼り付けられる。書式のうち表示形式だけが貼り付けられる |
| | 元の列幅を保持 | 通常の貼り付けに加え、コピー元の列幅を貼り付け先に適用する |
| | 行/列を入れ替える | コピー元のセル範囲の行方向と列方向を入れ替えて貼り付ける |
| | 値 | コピー元が値の場合はそのまま、数式の場合はその結果の値が貼り付けられる。書式は貼り付けられない |
| | 値と数値の書式 | コピー元が値の場合はそのまま、数式の場合はその結果の値が貼り付けられる。書式のうち表示形式だけが貼り付けられる |
| | 値と元の書式 | コピー元が値の場合はそのまま、数式の場合はその結果の値が貼り付けられる。書式も貼り付けられる |
| | 書式設定 | コピー元のセルに設定されている書式だけを貼り付ける |

なお、貼り付けを実行する際に [貼り付け] ボタンの下側をクリックして、メニューから貼り付け方法を選択すれば、最初から目的の方法で貼り付けることができます。

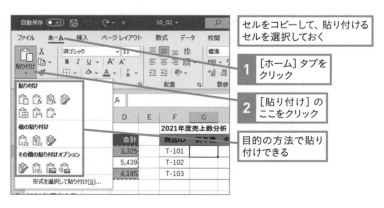

セルをコピーして、貼り付ける
セルを選択しておく

1 [ホーム] タブを
クリック

2 [貼り付け] の
ここをクリック

目的の方法で貼り
付けできる

# 3 行や列をあとから挿入するには

 表に行を挿入すると、新しい行に変な色が付いて困ることがあるんだ。

 そんなときは[挿入オプション]を利用するといいよ。

## ▶行や列を挿入して目的の書式に変更する

行を挿入すると、新しい行に上の行の書式が引き継がれます。列の場合は、左の列の書式が引き継がれます。下や右から書式を引き継ぎたい場合は、挿入後に表示される[挿入オプション]から書式を変更できます。

> 1行目と2行目の間に
> 行を挿入したい

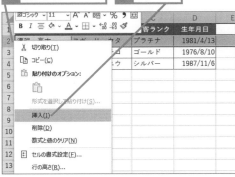

**1** 2行目の行番号を
右クリック

**2** [挿入]を
クリック

 列を挿入する場合は、
挿入する位置の列番号
を右クリックしてね。

第3章 作ったら終わりじゃダメ 運用しやすい表作り

2行目に行が
挿入された

挿入した行に上の行の
書式が適用された

| | A | B | C | D | E |
|---|---|---|---|---|---|
| 1 | 顧客名 | フリガナ | 顧客ランク | 生年月日 | |
| 2 | | | | | |
| 3 | 須賀 亮太 | スガ リョウタ | プラチナ | 1981/4/13 | |
| 4 | 臼井 真知子 | ウスイ マチコ | ゴールド | 1976/8/10 | |
| 5 | 野々村 裕 | ノノムラ ユウ | シルバー | 1987/11/6 | |
| 6 | | | | | |
| 7 | | | | | |

これが困るんだよね。新しい行は
下と同じ色にしたいのに。

まあまあ落ち着いて。続きの
操作を見ていこう。

**3** [挿入オプション]を
クリック

**4** [下と同じ書式を適用]を
クリック

| | A | B | C | D | E |
|---|---|---|---|---|---|
| 1 | 顧客名 | フリガナ | 顧客ランク | 生年月日 | |
| 2 | | | | | |
| 3 | 亮太 | スガ リョウタ | プラチナ | 1981/4/13 | |
| 4 | ○ 上と同じ書式を適用(A) | マチコ | ゴールド | 1976/8/10 | |
| 5 | ○ 下と同じ書式を適用(B) | ユウ | シルバー | 1987/11/6 | |
| 6 | ○ 書式のクリア(C) | | | | |
| 7 | | | | | |

**5** 書式を確認するために
ほかのセルを選択

下の行と同じ書式に
変更された

| | A | B | C | D | E |
|---|---|---|---|---|---|
| 1 | 顧客名 | フリガナ | 顧客ランク | 生年月日 | |
| 2 | | | | | |
| 3 | 須賀 亮太 | スガ リョウタ | プラチナ | 1981/4/13 | |
| 4 | 臼井 真知子 | ウスイ マチコ | ゴールド | 1976/8/10 | |
| 5 | 野々村 裕 | ノノムラ ユウ | シルバー | 1987/11/6 | |
| 6 | | | | | |
| 7 | | | | | |

操作4のメニューから[書式のクリア]をクリック
すると、挿入した行がまっさらに変わるよ。

## STEP UP!

練習用ファイル ▶ 10_STEPUP.xlsx

# 列を丸ごとほかの列の間に移動するには

Shift キーを押しながら列をドラッグすると、ほかの列の間に移動
できます。単にドラッグするだけだと、ほかの列が上書きされてし
まうので注意してください。

第3章 作ったら終わりじゃダメ　運用しやすい表作り

**1** 移動する列を選択　　**2** 外周にマウスポインターを合わせる

| | A | B | C | D | E |
|---|---|---|---|---|---|
| 1 | 会員名簿 | | | | |
| 2 | | | | | |
| 3 | 会員番号 | 会員区分 | 会員名 | フリガナ | 年齢 |
| 4 | 1001 | S会員 | 伊藤　美香 | イトウ　ミカ | 48 |
| 5 | 1002 | A会員 | 土井　隆太 | ドイ　リュウタ | 36 |
| 6 | 1003 | B会員 | 曽我　麻衣子 | ソガ　マイコ | 41 |

マウスポインターの形が変わった　　**3** Shift キーを押しながらドラッグ

| | A | B | C | D | E:F |
|---|---|---|---|---|---|
| 1 | 会員名簿 | | | | |
| 2 | | | | | |
| 3 | 会員番号 | 会員区分 | 会員名 | フリガナ | 年齢 |
| 4 | 1001 | S会員 | 伊藤　美香 | イトウ　ミカ | 48 |
| 5 | 1002 | A会員 | 土井　隆太 | ドイ　リュウタ | 36 |
| 6 | 1003 | B会員 | 曽我　麻衣子 | ソガ　マイコ | 41 |

ドラッグの最中、移動先に太線が表示されるから、それを目安にしてね。

列が移動した

| | A | B | C | D | E |
|---|---|---|---|---|---|
| 1 | 会員名簿 | | | | |
| 2 | | | | | |
| 3 | 会員番号 | 会員名 | フリガナ | 会員区分 | 年齢 |
| 4 | 1001 | 伊藤　美香 | イトウ　ミカ | S会員 | 48 |
| 5 | 1002 | 土井　隆太 | ドイ　リュウタ | A会員 | 36 |
| 6 | 1003 | 曽我　麻衣子 | ソガ　マイコ | B会員 | 41 |

### このLESSONのポイント

* [貼り付けのオプション] を使用すると、コピーしたセルの貼り付け方法を指定できる
* [挿入オプション]を使用すると、挿入した行や列の書式を指定できる

# 必要なデータを
# 手早く探そう

 さて、ここからはデータベースの解説をしていくよ。

 スムーズに分析作業ができるような、運用しやすい表を作ることが重要って、先輩が言ってたね。

 そのためには、データベースを作成する際に守るべきルールがあるよ。

## SECTION
## 1 データベース的な表作成のお作法

**データベースとは、日々発生するデータを貯めていく入れ物です。貯まったデータは、今後の業務活動のための貴重な分析材料になります。必要なデータをいつでもすぐに取り出せてこそ、データベースの真価を発揮できます。そのためには、データベースをルールどおりの構造で作らなければなりません。**

### ▶ ルールを守って作成したデータベースの例

データベースを作るときは、次のルールを守りましょう。

## データベース作成のルール

- 列見出しを入力してデータとは異なる書式を付ける

- 1行に1件のデータを入力する

- データベースの中に空白行や空白列を作らない

- 隣接する行や列にデータを何も入力しない

第3章 作ったら終わりじゃダメ 運用しやすい表作り

1行目に列見出しを入力して、データとは異なる書式を付ける

隣接する行や列にデータを何も入力しない

| | A | B | C | D | E | F | G | H | I |
|---|---|---|---|---|---|---|---|---|---|
| 1 | No | 日付 | エリア | 商品ID | 商品名 | 単価 | 数量 | 金額 | |
| 2 | 1 | 2021/10/1 | 大阪 | CT-22 | キャットフード | ¥2,800 | 3 | ¥8,400 | |
| 3 | 2 | 2021/10/1 | 東京 | CT-22 | キャットフード | ¥2,800 | 12 | ¥33,600 | |
| 4 | 3 | 2021/10/4 | 東京 | DG-11 | ドッグフード | ¥3,200 | 10 | ¥32,000 | |
| 5 | 4 | 2021/10/5 | 名古屋 | CT-22 | キャットフード | ¥2,800 | 11 | ¥30,800 | |
| 6 | 5 | 2021/10/7 | 東京 | DG-11 | ドッグフード | ¥3,200 | 12 | ¥38,400 | |
| 7 | 6 | 2021/10/7 | 名古屋 | CT-22 | キャットフード | ¥2,800 | 2 | ¥5,600 | |
| 8 | 7 | 2021/10/11 | 大阪 | DG-11 | ドッグフード | ¥3,200 | 5 | ¥16,000 | |
| 9 | 8 | 2021/10/14 | 大阪 | CT-22 | キャットフード | ¥2,800 | 3 | ¥8,400 | |
| 10 | 9 | 2021/10/15 | 名古屋 | DG-11 | ドッグフード | ¥3,200 | 6 | ¥19,200 | |
| 11 | 10 | 2021/10/15 | 大阪 | DG-11 | ドッグフード | ¥3,200 | 6 | ¥19,200 | |
| 12 | | | | | | | | | |
| 13 | | | | | | | | | |

1行に1件のデータを入力する

データベースの中に空白行や空白列を作らない

データベースはデータの入力後が本番！スムーズに分析できるように、ルールに沿ったデータベースを作ろう。

## ▶こんな表だと並べ替えやフィルターがうまくいかない

データベースから目的のデータを素早く探すには、[並べ替え]や[フィルター]という機能を使います。しかし、下図のような表だと、それらの機能がうまく使えないので注意してください。

**NGポイント**
列見出しに書式がない

| | A | B | C | D |
|---|---|---|---|---|
| 1 | 会員名 | フリガナ | 都道府県 | |
| 2 | 佐々木 | ササキ | 北海道 | |
| 3 | 伊藤 | イトウ | 東京都 | |
| 4 | 五十嵐 | イガラシ | 大阪府 | |
| 5 | 渡辺 | ワタナベ | 福岡県 | |
| 6 | | | | |

列見出しにデータと異なる書式を付けないと、Excelが列見出しをデータと間違えることがあるよ。

**NGポイント**
上と同じデータを省略する

| | A | B | C | D |
|---|---|---|---|---|
| 1 | No | 日付 | 売上高 | |
| 2 | 1 | 2021/10/1 | ¥100 | |
| 3 | 2 | | ¥500 | |
| 4 | 3 | 2021/10/2 | ¥200 | |
| 5 | 4 | | ¥300 | |
| 6 | | | | |

**NGポイント**
同じデータをセル結合する

1件のデータは1行に入力するのが基本ね。上と同じデータでも省略せずに入力すること！

**NGポイント**
表の中に空白行や空白列を入れる

| | A | B | C | D |
|---|---|---|---|---|
| 1 | 日付 | 顧客 | 売上高 | |
| 2 | 8月4日 | 髙橋 | ¥200 | |
| 3 | 8月17日 | 小松原 | ¥400 | |
| 4 | 8月21日 | 橘 | ¥200 | |
| 5 | | | | |
| 6 | 9月1日 | 小松原 | ¥300 | |
| 7 | 9月12日 | 橘 | ¥200 | |
| 8 | 9月26日 | 髙橋 | ¥1,000 | |
| 9 | | | | |

空白行で表が分断されると、別々の表と見なされてしまうんだね。

罫線だけ引いておいても、データが入力されていないと空白と見なされるから注意してね。

**NGポイント**
隣接するセルにタイトルや
別のデータを入力する

| ▲ | A | B | C | D |
|---|---|---|---|---|
| 1 | 売上表 | | | |
| 2 | **No** | **日付** | **売上高** | |
| 3 | 1 | 2021/10/1 | ¥100 | |
| 4 | 2 | 2021/10/1 | ¥500 | |
| 5 | 3 | 2021/10/2 | ¥200 | |
| 6 | 4 | 2021/10/2 | ¥300 | |
| 7 | | | | |

隣接するセルに何かを入力すると、
Excelがそのセルをデータベース
の一部だと勘違いしてしまうこと
があるからNG！

第3章 作ったら終わりじゃダメ 運用しやすい表作り

## ▶こんな表ではデータベースの意味がない

貯めたデータをいろいろな角度から分析するためには、加工していない
生のデータを1つの表にまとめておく必要があります。下図のような表
だと、データベースとしての価値が損なわれます。

**NGポイント**
集計して入力する

| ▲ | A | B | C | D |
|---|---|---|---|---|
| 1 | **顧客** | **売上高** | | |
| 2 | 高橋 | ¥1,200 | | |
| 3 | 小松原 | ¥700 | | |
| 4 | 橋 | ¥400 | | |
| 5 | | | | |

顧客ごとに集計することで、日付
などほかのデータが失われ、別の
角度での集計ができなくなる。必
要なのは生の明細データだよ。

**NGポイント**
シートを分けて入力する

| ▲ | A | B | C | D |
|---|---|---|---|---|
| 1 | **日付** | **顧客** | **売上高** | |
| 2 | 8月4日 | 高橋 | ¥200 | |
| 3 | 8月17日 | 小松原 | ¥400 | |
| 4 | 8月21日 | 橋 | ¥200 | |
| 16 | | | | |
| 17 | | | | |
| 18 | | | | |

8月 | 9月 | 10月 | ⊕

準備完了

月ごとやエリア
ごとに別の表を
作ってしまうと、
いろいろな視点
での集計ができ
なくなるね。

# SECTION 2 [並べ替え]を使ってデータを整理する

 見たい順序でデータを表示するには[並べ替え]の機能を使うよ。"何を知りたいか"に応じて、"何を基準に並べ替えるか"を決めてね。

 エリアごとの売り上げの傾向を見たければエリア順に並べ替える、売れている商品を探りたければ売上金額順に並べ替える、ってことね。

## ▶特定の列を基準に並べ替える

[データ]タブにある[昇順]ボタンや[降順]ボタンを使うと、簡単に並べ替えを実行できます。昇順とは、数値の小さい順、日付の古い順、アルファベット順、五十音順のことで、降順はその逆です。

●金額の降順に並べ替える

**1** 並べ替えの基準にする列のセルを選択

**2** [データ]タブをクリック

**3** [降順]をクリック

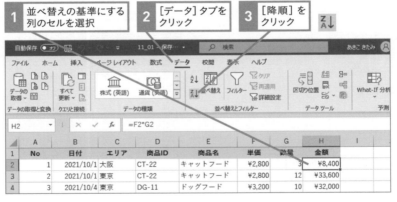

「A→Z」の絵柄が[昇順]ボタン。

「Z→A」の絵柄が[降順]ボタン。

ボタンの「A」の文字が水色になっているね。

金額の降順に並べ替えられた

| ▲ | A | B | C | D | E | F | G | H | I |
|---|---|---|---|---|---|---|---|---|---|
| 1 | No | 日付 | エリア | 商品ID | 商品名 | 単価 | 数量 | 金額 | |
| 2 | 5 | 2021/10/7 | 東京 | DG-11 | ドッグフード | ¥3,200 | 12 | ¥38,400 | |
| 3 | 2 | 2021/10/1 | 東京 | CT-22 | キャットフード | ¥2,800 | 12 | ¥33,600 | |
| 4 | 3 | 2021/10/4 | 東京 | DG-11 | ドッグフード | ¥3,200 | 10 | ¥32,000 | |
| 5 | 4 | 2021/10/5 | 名古屋 | CT-22 | キャットフード | ¥2,800 | 11 | ¥30,800 | |
| 6 | 9 | 2021/10/15 | 名古屋 | DG-11 | ドッグフード | ¥3,200 | 6 | ¥19,200 | |
| 7 | 10 | 2021/10/15 | 大阪 | DG-11 | ドッグフード | ¥3,200 | 6 | ¥19,200 | |
| 8 | 7 | 2021/10/11 | 大阪 | DG-11 | ドッグフード | ¥3,200 | 5 | ¥16,000 | |
| 9 | 1 | 2021/10/1 | 大阪 | CT-22 | キャットフード | ¥2,800 | 3 | ¥8,400 | |
| 10 | 8 | 2021/10/14 | 大阪 | CT-22 | キャットフード | ¥2,800 | 3 | ¥8,400 | |
| 11 | 6 | 2021/10/7 | 名古屋 | CT-22 | キャットフード | ¥2,800 | 2 | ¥5,600 | |
| 12 | | | | | | | | | |

 Excelが並べ替えを行うときに、表のセル範囲がどこからどこまでかを自動で見分けるんだよ。

 だから表のセルを1つ選択しただけで、表全体が並べ変わるんだね!

 Excelが表の範囲を取り違えないために、111ページで紹介したルールに沿ってデータベースを作成する必要があるよ。

## ▶並べ替えを元に戻すには

並べ替えを実行した直後であれば、クイックアクセスツールバーの[元に戻す]ボタンで元の並び順に戻せます。いつでも元の並び順に戻せるようにするには、あらかじめ連番を振った列を用意しておきます。その列を基準に並べ替えれば、元の順序に戻ります。

連番の列のセルを選択して[データ]タブの
[昇順]をクリックすれば、元の並び順に戻る

| ▲ | A | B | C | D | E | F | G | H | I |
|---|---|---|---|---|---|---|---|---|---|
| 1 | No | 日付 | エリア | 商品ID | 商品名 | 単価 | 数量 | 金額 | |
| 2 | 5 | 2021/10/7 | 東京 | DG-11 | ドッグフード | ¥3,200 | 12 | ¥38,400 | |
| 3 | 2 | 2021/10/1 | 東京 | CT-22 | キャットフード | ¥2,800 | 12 | ¥33,600 | |
| 4 | 3 | 2021/10/4 | 東京 | DG-11 | ドッグフード | ¥3,200 | 10 | ¥32,000 | |
| 5 | 4 | 2021/10/5 | 名古屋 | CT-22 | キャットフード | ¥2,800 | 11 | ¥30,800 | |
| 6 | 9 | 2021/10/15 | 名古屋 | DG-11 | ドッグフード | ¥3,200 | 6 | ¥19,200 | |
| 7 | 10 | 2021/10/15 | 大阪 | DG-11 | ドッグフード | ¥3,200 | 6 | ¥19,200 | |

## ▶複数の列を基準に並べ替えるには

[並べ替え] ダイアログボックスを使用すると、基準を複数指定した並べ替えを実行できます。

●エリアの昇順→商品IDの昇順に並べ替える

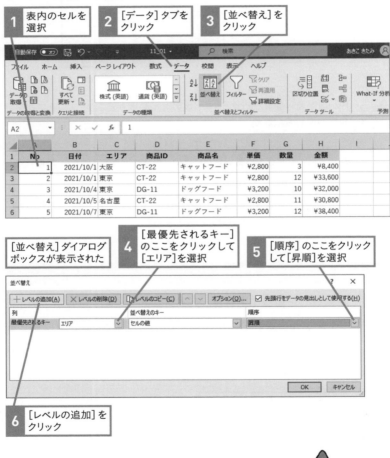

[並べ替え] ダイアログボックスでは、優先順位の高い順に並べ替えの設定をするよ。

第3章 作ったら終わりじゃダメ 運用しやすい表作り

| 並べ替えの設定欄が追加された | **7** [次に優先されるキー]のここをクリックして[商品ID]を選択 | **8** [順序]のここをクリックして[昇順]を選択 |
|---|---|---|

**9** [OK]をクリック

[レベルの追加]をクリックすると、並べ替えの条件を増やせるんだね。

[▲]ボタンや[▼]ボタンを使うと、優先順位を変えられるよ！

| エリアの昇順（五十音順）に並べ替えられた | 同じエリアの中では商品IDの昇順に並べ替えられた |
|---|---|

| | A | B | C | D | E | F | G | H | I |
|---|---|---|---|---|---|---|---|---|---|
| 1 | **No** | **日付** | **エリア** | **商品ID** | **商品名** | **単価** | **数量** | **金額** | |
| 2 | 1 | 2021/10/1 | 大阪 | CT-22 | キャットフード | ¥2,800 | 3 | ¥8,400 | |
| 3 | 8 | 2021/10/14 | 大阪 | CT-22 | キャットフード | ¥2,800 | 3 | ¥8,400 | |
| 4 | 7 | 2021/10/11 | 大阪 | DG-11 | ドッグフード | ¥3,200 | 5 | ¥16,000 | |
| 5 | 10 | 2021/10/15 | 大阪 | DG-11 | ドッグフード | ¥3,200 | 6 | ¥19,200 | |
| 6 | 2 | 2021/10/1 | 東京 | CT-22 | キャットフード | ¥2,800 | 12 | ¥33,600 | |
| 7 | 3 | 2021/10/4 | 東京 | DG-11 | ドッグフード | ¥3,200 | 10 | ¥32,000 | |
| 8 | 5 | 2021/10/7 | 東京 | DG-11 | ドッグフード | ¥3,200 | 12 | ¥38,400 | |
| 9 | 4 | 2021/10/5 | 名古屋 | CT-22 | キャットフード | ¥2,800 | 11 | ¥30,800 | |
| 10 | 6 | 2021/10/7 | 名古屋 | CT-22 | キャットフード | ¥2,800 | 2 | ¥5,600 | |
| 11 | 9 | 2021/10/15 | 名古屋 | DG-11 | ドッグフード | ¥3,200 | 6 | ¥19,200 | |

データがエリアごと商品ごとに整理されたね。

漢字の列の並べ替えでは、ふりがな順に「おおさか」「とうきょう」「なごや」と並ぶよ。

# オリジナルの順序で並べ替えるには

エリアを「東京、名古屋、大阪」の順に並べ替えたい場合など、通常の昇順や降順とは異なるオリジナルの順序で並べ替えるには、55ページを参考にエリアの並び順を［ユーザー設定リスト］に登録しておきます。

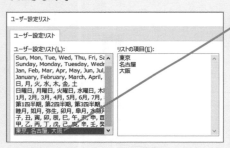

55ページを参考にエリアの並び順を登録しておく

［並べ替え］ダイアログボックスの［順序］から［ユーザー設定リスト］を選び、登録した並び順を選択すると、データをオリジナルの順序で並べ替えられます。

**1** 116ページを参考に［並べ替え］ダイアログボックスを表示

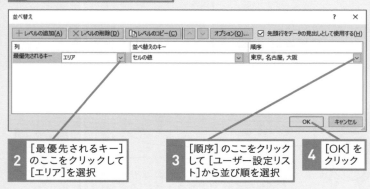

**2** ［最優先されるキー］のここをクリックして［エリア］を選択

**3** ［順序］のここをクリックして［ユーザー設定リスト］から並び順を選択

**4** ［OK］をクリック

■**STEP UP!**

練習用ファイル ▶ 11_STEPUP_01.xlsx

# 漢字の列の並べ替えに注意

「すずき」と入力して「鈴木」に変換すると、「すずき」が「鈴木」
のふりがなとしてセルに記録されます。漢字の列で並べ替えを行う
と、セルに記録されたふりがなの五十音順に並べ替えられます。た
だし、Wordやメールなどから貼り付けたデータはセルにふりがな
の情報がないので、ふりがな順の並べ替えができません。

**セルのふりがなを確認するには、セルを選択して[ホーム]タブに
ある[ふりがなの表示/非表示]ボタンをクリック**します。セルに
ふりがなが記録されていれば、漢字の上に表示されます。

| ▲ | A | B | C | D | E |
|---|---|---|---|---|---|
| 1 | **No** | **氏名** | **年齢** | | |
| 2 | 3 | スズキ<br>鈴木 | 25 | | |
| 3 | 1 | ワタナベ<br>渡辺 | 34 | | |
| 4 | 2 | 飯田 | 42 | | |
| 5 | | | | | |
| 6 | | | | | |

氏名順に並べ替えたはず
なのに、順序がおかしい

ふりがなを表示すると、セルに
ふりがなが存在しないことが
分かった

ふりがなが表示されないセルを選択して Alt + Shift + ↑ キーを
押すと、一般的な読みがふりがなとして表示されます。間違ったふ
りがなが表示された場合は修正してください。[ふりがなの表示/
非表示]ボタンをクリックしてふりがなを非表示にし、再度並べ替
えを実行すれば、ふりがな順に並びます。

| ▲ | A | B | C | D | E |
|---|---|---|---|---|---|
| 1 | **No** | **氏名** | **年齢** | | |
| 2 | 3 | スズキ<br>鈴木 | 25 | | |
| 3 | 1 | ワタナベ<br>渡辺 | 34 | | |
| 4 | 2 | イイダ<br>飯田 | 42 | | |
| 5 | | | | | |
| 6 | | | | | |

**1** Alt + Shift + ↑ キー を
押してふりがなを設定する

# [フィルター]を使ってデータを絞り込む

 見たいデータだけをデータベースから抽出して表示するには[フィルター]の機能を使うよ。

 ミケに初めてExcelを教わった日に、「東京都」のデータを取り出すために使った機能ね！

## ▶フィルターを使えるように準備する

[データ]タブの[フィルター]をクリックすると、列見出しのセルにフィルターボタン(▼)が表示され、抽出を行う準備が整います。

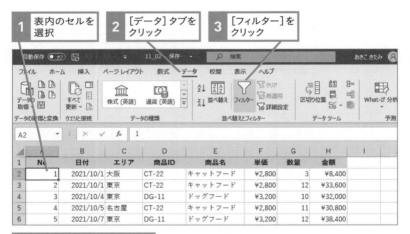

| 1 表内のセルを選択 | 2 [データ]タブをクリック | 3 [フィルター]をクリック |
| --- | --- | --- |

列見出しの各セルにフィルターボタンが表示された

## ▶特定の項目を抽出するには

特定の項目を抽出するには、フィルターボタン（⏷）をクリックして項目名を選択します。抽出するとボタンの絵柄が（⏷）に変わるので、その列で抽出を行っていることがひと目で分かります。

●エリアから「東京」を抽出する

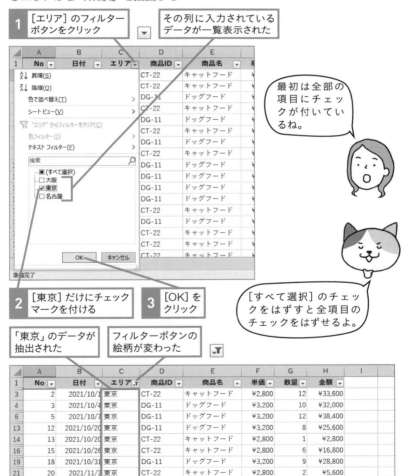

**1** [エリア]のフィルターボタンをクリック

その列に入力されているデータが一覧表示された

最初は全部の項目にチェックが付いているね。

**2** [東京]だけにチェックマークを付ける

**3** [OK]をクリック

[すべて選択]のチェックをはずすと全項目のチェックをはずせるよ。

「東京」のデータが抽出された

フィルターボタンの絵柄が変わった

## ▶さらに別の条件で抽出結果を絞り込む

抽出を実行後、別の列で抽出を行うと、前の抽出結果からデータが絞り込まれます。例えばエリアから「東京」を抽出したあと、商品名から「キャットフード」を抽出すると、結果として「東京」かつ「キャットフード」のデータが抽出されます。

● 「東京」かつ「キャットフード」を抽出する

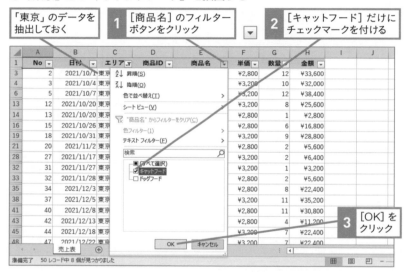

「東京」のデータを抽出しておく

**1** [商品名] のフィルターボタンをクリック

**2** [キャットフード] だけにチェックマークを付ける

**3** [OK] をクリック

複数の条件で絞り込んでいけば、必要なデータを正確に取り出せるね。

「東京」かつ「キャットフード」が抽出された

| | A | B | C | D | E | F | G | H | I | J |
|---|---|---|---|---|---|---|---|---|---|---|
| 1 | No | 日付 | エリア | 商品ID | 商品名 | 単価 | 数量 | 金額 | | |
| 3 | 2 | 2021/10/1 | 東京 | CT-22 | キャットフード | ¥2,800 | 12 | ¥33,600 | | |
| 14 | 13 | 2021/10/20 | 東京 | CT-22 | キャットフード | ¥2,800 | 1 | ¥2,800 | | |
| 16 | 15 | 2021/10/26 | 東京 | CT-22 | キャットフード | ¥2,800 | 6 | ¥16,800 | | |
| 21 | 20 | 2021/11/2 | 東京 | CT-22 | キャットフード | ¥2,800 | 2 | ¥5,600 | | |
| 33 | 32 | 2021/11/28 | 東京 | CT-22 | キャットフード | ¥2,800 | 2 | ¥5,600 | | |
| 35 | 34 | 2021/12/3 | 東京 | CT-22 | キャットフード | ¥2,800 | 8 | ¥22,400 | | |
| 41 | 40 | 2021/12/8 | 東京 | CT-22 | キャットフード | ¥2,800 | 11 | ¥30,800 | | |
| 43 | 42 | 2021/12/13 | 東京 | CT-22 | キャットフード | ¥2,800 | 4 | ¥11,200 | | |

## ▶特定の月のデータを抽出するには

日付の列のフィルターボタン（▾）をクリックすると、表に入力されている日付の「年」「月」が選択肢として表示されます。これを使用すれば、「○年○月」という条件で簡単にデータを抽出できます。

ここでは、「東京」かつ「キャットフード」という条件で抽出した結果から、さらに「2021年12月」という条件でデータを絞り込みます。

●抽出データを「2021年12月」の条件で絞り込む

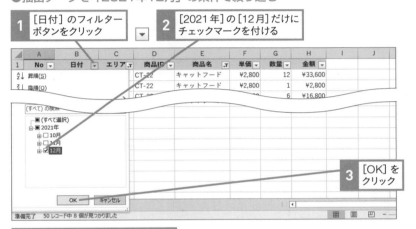

2021年12月のデータが抽出された

# 抽出結果を別のシートに取り出すには

抽出結果をコピーすると、非表示になっている行が除外されて、見えている行だけがコピーされます。これを新しいシートに貼り付ければ、抽出結果だけの表が完成します。データベースから切り離されるので、関数で集計したりグラフにしたりと、データを自由に操作できます。

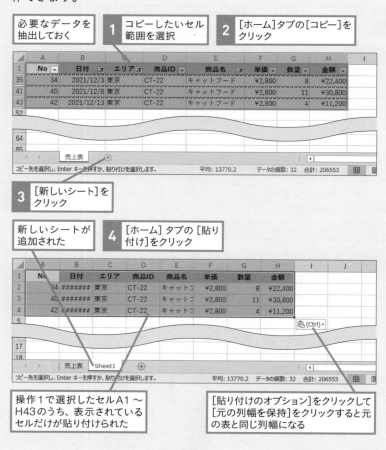

| 必要なデータを抽出しておく |

**1** コピーしたいセル範囲を選択

**2** [ホーム]タブの[コピー]をクリック

**3** [新しいシート]をクリック

| 新しいシートが追加された |

**4** [ホーム]タブの[貼り付け]をクリック

操作1で選択したセルA1〜H43のうち、表示されているセルだけが貼り付けられた

[貼り付けのオプション]をクリックして[元の列幅を保持]をクリックすると元の表と同じ列幅になる

## ▶抽出を解除するには

特定の列の抽出を解除するには、フィルターのメニューから[(項目名)からフィルターをクリア]をクリックします。

**1** [日付]のフィルターボタンをクリック

**2** ["日付"からフィルターをクリア]をクリック

日付の抽出条件が解除される

[データ]タブにある[フィルター]ボタンをクリックすると、すべての列の抽出が一気に解除され、列見出しのセルのフィルターボタン(▼)が非表示になります。

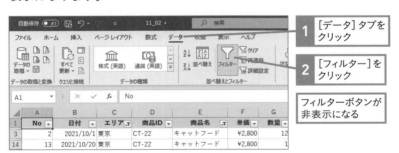

**1** [データ]タブをクリック

**2** [フィルター]をクリック

フィルターボタンが非表示になる

### 🐾 このLESSONのポイント

- データベースの表には作り方のルールがある
- 並べ替えを実行すると、見たい情報を整理して表示できる
- フィルターを実行すると、必要なデータだけを抽出できる

# 表記ゆれはピンチを招く

ミケ、フィルターが壊れちゃったみたい。「クォーター株式会社」が3件しか
抽出されないの。もっとあるはずなのに。

| | A | B | C | D | E |
|---|---|---|---|---|---|
| 1 | No | 日付 | 顧客名 | 担当者 | 金額 |
| 2 | 1 | 2021/10/1 | クォーター株式会社 | 小林 | ¥64,000 |
| 23 | 22 | 2021/11/5 | クォーター株式会社 | 小林 | ¥605,000 |
| 28 | 27 | 2021/11/21 | クォーター株式会社 | 小林 | ¥81,000 |
| 44 | | | | | |

どれどれ、全体を見せて。あれ、「オ」が小文字の「クォーター」と大文字の
「クオーター」が混ざっているよ。音引きがない「クォータ」「クオータ」もあ
る！　これじゃあフィルター、並べ替え、集計に支障が出るよ。

| | A | B | C | D | E |
|---|---|---|---|---|---|
| 1 | No | 日付 | 顧客名 | 担当者 | 金額 |
| 2 | 1 | 2021/10/1 | クォーター株式会社 | 小林 | ¥64,000 |
| 3 | 2 | 2021/10/2 | クォータ株式会社 | 小林 | ¥196,000 |
| 4 | 3 | 2021/10/5 | ブルー産業株式会社 | 赤塚 | ¥770,000 |
| 5 | 4 | 2021/10/6 | 株式会社橙ホーム | 樋浦 | ¥56,000 |
| 6 | 5 | 2021/10/8 | ブルー産業株式会社 | 赤塚 | ¥448,000 |
| 7 | 6 | 2021/10/8 | クォーター株式会社 | 小林 | ¥80,000 |
| 8 | 7 | 2021/10/12 | 暁ストア株式会社 | 五十嵐 | ¥352,000 |
| 9 | 8 | 2021/10/15 | 暁ストアー株式会社 | 五十嵐 | ¥112,000 |
| 10 | 9 | 2021/10/16 | 株式会社橙ホーム | 樋浦 | ¥36,000 |
| 11 | 10 | 2021/10/16 | クオータ株式会社 | 小林 | ¥165,000 |
| 12 | 11 | 2021/10/20 | 株式会社橙ホーム | 樋浦 | ¥96,000 |
| 13 | 12 | 2021/10/21 | ブルー産業株式会社 | 赤塚 | ¥90,000 |
| 14 | 13 | 2021/10/21 | クオータ株式会社 | 小林 | ¥54,000 |
| 15 | 14 | 2021/10/25 | 暁ストア株式会社 | 五十嵐 | ¥63,000 |

えー、入力し直さなきゃいけないの?

大丈夫。便利な表記統一の方法を紹介するから!

# 1 表記ゆれがないかどうか確認する

データベースに表記ゆれがあると、異なるデータと認識され、フィルター
や並べ替え、また第4章で紹介する関数による集計などに支障が出ます。
入力するときは、必ず表記を統一しましょう。

今後の入力は気を付けるけど、すでに
結構な数を入力しちゃった。ほかにも
表記ゆれがあるかも。

そんなときは、フィルターのメニューを
利用すると、表記ゆれがないかどうかを
チェックしやすいよ。

●表記ゆれを確認する

120ページを参考にフィル
ターボタンを表示しておく

**1** [顧客名]のフィルター
ボタンをクリック

「クォーター株式会社」が
4種類の表記で入力され
ていることが分かる

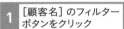

| | A | B | C | D | E | F |
|---|---|---|---|---|---|---|
| 1 | No | 日付 | 顧客名 | 担当者 | 金額 | |
| 2 | 1 | A↓ 昇順(S) | | 小林 | ¥64,000 | |
| 3 | 2 | Z↓ 降順(O) | | 小林 | ¥196,000 | |
| 4 | 3 | 色で並べ替え(T) > | | 赤塚 | ¥770,000 | |
| 5 | 4 | シート ビュー(V) > | | 樋浦 | ¥56,000 | |
| 6 | 5 | ▼ "顧客名" からフィルターをクリア(C) | | 赤塚 | ¥448,000 | |
| 7 | 6 | 色フィルター(I) > | | 小林 | ¥80,000 | |
| 8 | 7 | テキスト フィルター(F) > | | 五十嵐 | ¥352,000 | |
| 9 | 8 | 検索 | | 五十嵐 | ¥112,000 | |
| 10 | 9 | ☑ (すべて選択) | | 樋浦 | ¥36,000 | |
| 11 | 10 | ☑ 暁ストアー株式会社 | | 小林 | ¥165,000 | |
| 12 | 11 | ☑ 暁ストア株式会社 | | 樋浦 | ¥96,000 | |
| 13 | 12 | ☑ 株式会社樫ホーム | | 赤塚 | ¥90,000 | |
| 14 | 13 | ☑ クォーター株式会社 | | 小林 | ¥54,000 | |
| 15 | 14 | ☑ クオーター株式会社 | | 五十嵐 | ¥63,000 | |
| 16 | 15 | ☑ クォータ株式会社 ☑ クオータ株式会社 | | 小林 | ¥448,000 | |
| 17 | 16 | ☑ ブルー産業株式会社 | | 赤塚 | ¥54,000 | |
| 18 | 17 | OK　　キャンセル | | 五十嵐 | ¥352,000 | |

準備完了

決まった選択肢の中から選ぶタイプのデータは、
58ページを参考にリスト入力の設定をしてお
くと、入力時に表記ゆれを防げるよ。

# 2 フィルターで絞り込んで一気に修正

表記ゆれを起こしているすべてのデータをフィルターで抽出し、上書き
入力すると、目的のデータを一気に修正できます。

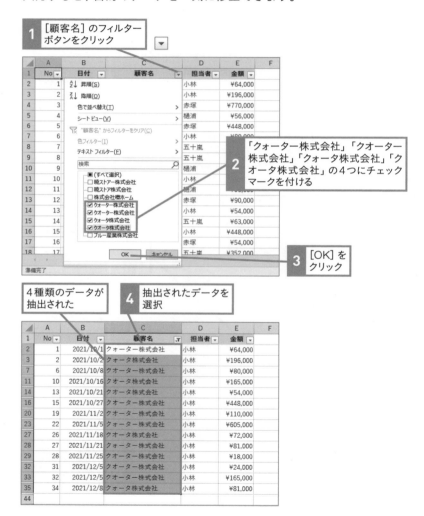

1 [顧客名] のフィルター
ボタンをクリック

2 「クォーター株式会社」「クオーター
株式会社」「クォータ株式会社」「ク
オータ株式会社」の4つにチェック
マークを付ける

3 [OK] を
クリック

4種類のデータが
抽出された

4 抽出されたデータを
選択

| 5 | 「クォーター株式会社」と入力 | 6 | Ctrl + Enter キーを押す |

| | A | B | C | D | E | F |
|---|---|---|---|---|---|---|
| 1 | No | 日付 | 顧客名 | 担当者 | 金額 | |
| 2 | 1 | 2021/10/1 | クォーター株式会社 | 小林 | ¥64,000 | |
| 3 | 2 | 2021/10/2 | クォーター株式会社 | 小林 | ¥196,000 | |
| 7 | 6 | 2021/10/8 | クォーター株式会社 | 小林 | ¥80,000 | |
| 11 | 10 | 2021/10/16 | クオータ株式会社 | 小林 | ¥165,000 | |
| 14 | 13 | 2021/10/21 | クォーター株式会社 | 小林 | ¥54,000 | |
| 16 | 15 | 2021/10/27 | クォーター株式会社 | 小林 | ¥448,000 | |
| 20 | 19 | 2021/11/2 | クォーター株式会社 | 小林 | ¥110,000 | |
| 23 | 22 | 2021/11/5 | クォーター株式会社 | 小林 | ¥605,000 | |
| 27 | 26 | 2021/11/18 | クォーター株式会社 | 小林 | ¥72,000 | |
| 28 | 27 | 2021/11/21 | クォーター株式会社 | 小林 | ¥81,000 | |
| 29 | 28 | 2021/11/25 | クォーター株式会社 | 小林 | ¥18,000 | |
| 32 | 31 | 2021/12/5 | クォーター株式会社 | 小林 | ¥24,000 | |
| 33 | 32 | 2021/12/5 | クォーター株式会社 | 小林 | ¥165,000 | |
| 35 | 34 | 2021/12/8 | クォータ株式会社 | 小林 | ¥81,000 | |
| 44 | | | | | | |

「くぉ」はQキー、Oキーを続けて押すと入力できるよ。

Ctrl + Enter キーで確定すると、選択範囲に同じデータを一気に入力できるんだったよね。

| 表記が統一された | 125ページを参考に抽出を解除しておく |

| | A | B | C | D | E | F |
|---|---|---|---|---|---|---|
| 1 | No | 日付 | 顧客名 | 担当者 | 金額 | |
| 2 | 1 | 2021/10/1 | クォーター株式会社 | 小林 | ¥64,000 | |
| 3 | 2 | 2021/10/2 | クォーター株式会社 | 小林 | ¥196,000 | |
| 7 | 6 | 2021/10/8 | クォーター株式会社 | 小林 | ¥80,000 | |
| 11 | 10 | 2021/10/16 | クォーター株式会社 | 小林 | ¥165,000 | |
| 14 | 13 | 2021/10/21 | クォーター株式会社 | 小林 | ¥54,000 | |
| 16 | 15 | 2021/10/27 | クォーター株式会社 | 小林 | ¥448,000 | |
| 20 | 19 | 2021/11/2 | クォーター株式会社 | 小林 | ¥110,000 | |
| 23 | 22 | 2021/11/5 | クォーター株式会社 | 小林 | ¥605,000 | |
| 27 | 26 | 2021/11/18 | クォーター株式会社 | 小林 | ¥72,000 | |
| 28 | 27 | 2021/11/21 | クォーター株式会社 | 小林 | ¥81,000 | |
| 29 | 28 | 2021/11/25 | クォーター株式会社 | 小林 | ¥18,000 | |
| 32 | 31 | 2021/12/5 | クォーター株式会社 | 小林 | ¥24,000 | |
| 33 | 32 | 2021/12/5 | クォーター株式会社 | 小林 | ¥165,000 | |
| 35 | 34 | 2021/12/8 | クォーター株式会社 | 小林 | ¥81,000 | |
| 44 | | | | | | |

抽出したセルを選択して上書き入力すると、見えているセルだけに入力できるんだね。

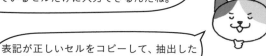

表記が正しいセルをコピーして、抽出したセル範囲全体に貼り付けてもOKだよ。

# 置換機能で効率よく修正

 あれ、「暁ストアー」と「暁ストア」にも表記ゆれがある。

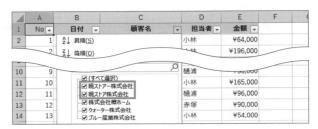

 表記ゆれが2種類だけなら、置換機能がカンタンだよ。

ここでは置換機能を使用して、「暁ストア株式会社」を「暁ストアー株式会
社」に統一します。

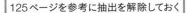
125ページを参考に抽出を解除しておく

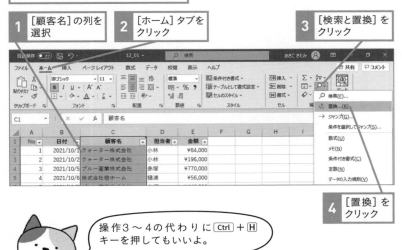

| 1 | [顧客名]の列を選択 |
| 2 | [ホーム]タブをクリック |
| 3 | [検索と置換]をクリック |
| 4 | [置換]をクリック |

 操作3〜4の代わりに Ctrl + H キーを押してもいいよ。

[検索と置換]ダイアログボックスの
[置換]タブが表示された

**5** [検索する文字列]に
「ストア株式」と入力

**6** [置換後の文字列]に
「ストアー株式」と入力

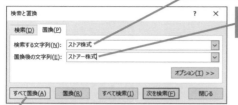

**7** [すべて置換]を
クリック

「株式」を含めずに「ストア」を「ストアー」に置換すると、
もとからの「ストアー」が「ストアーー」になってしまう
から注意しないとね！

**8** [OK]を
クリック

**9** [検索と置換]ダイアログボックスの
[閉じる]をクリック

「ストア」が「ストアー」に
統一された

漢字を置換する場合、置換したデータはふりがなを
持たないデータになり、並べ替えに支障が出ること
があるから注意してね。

第3章 作ったら終わりじゃダメ 運用しやすい表作り

**このLESSONのポイント**

- データベースに表記ゆれがあると、フィルター、並べ替え、集計に支障が出る
- フィルターで抽出して上書き入力したり、置換機能を使うと、表記ゆれを一気に統一できる

# EPILOGUE

 栞さん、先日作ってもらった会議用の資料、数値が読みやすいし、センスもいいし、とても評判がよかったよ。

 ありがとうございます！

 それからデータベースのほうも、おかげでテスト販売のデータが着々と貯まりつつあるよ。

 ニャーオ（栞ちゃん、やったね！）。

 並べ替えやフィルターの機能もバッチリマスターしてますので、今後の分析作業もぜひ参加させてください！

 ニャーオ（栞ちゃん、よく言った！）。

 頼もしいなあ。それにしても栞さんとミケは仲がいいね！

## 第 **4** 章

# Excelの醍醐味
# 数式と関数で業務を効率化

関数に引数を渡すだけ！
あとは全自動で結果を出してくれる！

# PROLOGUE

 栞さん、売り上げの集計を頼めるかな。そんなに急がないから来週いっぱいで。

 どんな集計でしょうか？

 売り上げのデータベースを渡すから、ペット用品の売上高を商品別に合計してもらいたいんだ。

 合計ということは、足し算ですね！

 いや、いろいろな商品の売り上げが含まれる中から、特定の商品を探して合計するから、単純な足し算ではムリだよ。

 ニャーオ（足し算じゃなくて、関数を使うんだよ）。

 もとい！　足し算じゃなくて、関数を使うんでした！

 関数を使えば、面倒な計算もあっという間に終わるからね。関数でお願いするよ。

 はい、関数を使ってがんばります！

 ニャーオ（関数は、足し算のような単純な計算には到底不可能な複雑な処理を行えるんだよ）。

**LESSON**
**13**
数式の入力
# 数式を入力しよう

 先輩にがんばるって宣言しちゃったけど、関数って何だろう？

 関数はいったん置いといて、その前に数式の基本を身に付けておこう。

**SECTION**
**1** ## 数式の基本

「数式」とは、Excelのセルに入力する計算式のことです。冒頭の会話に出てきた「関数」も数式の1つです。

Excelの数式は、先頭に「=」（イコール）を付けて「=B3*C3」のように入力します。「*」（アスタリスク）は掛け算の記号です。数式の中にセル番号を指定すると、セルの値を使った計算が行われます。

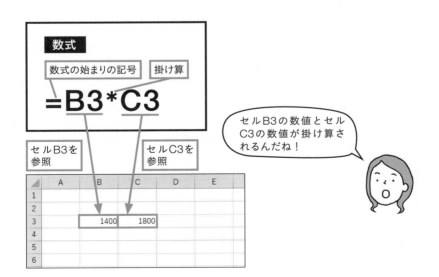

セルB3の数値とセルC3の数値が掛け算されるんだね！

ここでは、下図の表のセルD3に売上金額を求めます。売上金額は「単価×数量」で計算できるので、入力する数式は「=B3*C3」です。

| | A | B | C | D | E |
|---|---|---|---|---|---|
| 1 | セール売上実績 | | | | |
| 2 | 商品名 | 単価 | 数量 | 売上金額 | |
| 3 | 爪とぎ | ¥1,400 | 1,800 | | |
| 4 | 猫砂 | ¥1,100 | 1,236 | | |
| 5 | 焼かつお | ¥900 | 927 | | |
| 6 | 鶏ささみ | ¥800 | 750 | | |
| 7 | | | | | |

セルB3　セルC3

「=B3*C3」という数式を入力すると「1400×1800」が計算される

セルに数式を入力すると、Excelが計算してくれる！　電卓は不要だよ！

## ▶ セルに数式を入力する

練習用ファイル ▶ 13_01.xlsx

セルに数式を入力するときは、日本語入力モードをオフ（）にして、[半角英数]モードで入力してください。数式の開始を意味する「=」で入力を始めます。

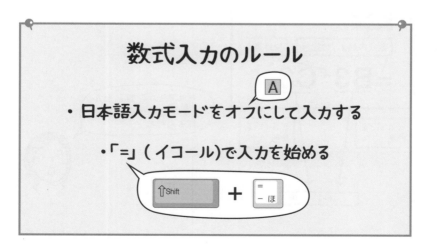

数式入力のルール

・日本語入力モードをオフにして入力する

・「=」（イコール）で入力を始める

⇧Shift ＋ = ー ほ

実際に「=B3*C3」を入力してみましょう。「B3」「C3」などのセル番号は、
セルをクリックすると自動的に入力できます。

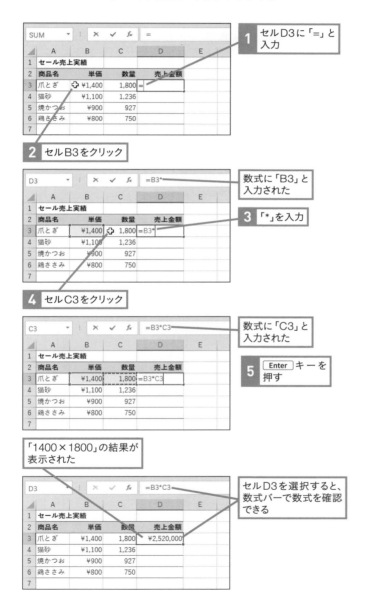

**1** セルD3に「=」と入力

**2** セルB3をクリック

数式に「B3」と入力された

**3** 「*」を入力

**4** セルC3をクリック

数式に「C3」と入力された

**5** Enter キーを押す

「1400×1800」の結果が表示された

セルD3を選択すると、数式バーで数式を確認できる

# 「×」は「*」、「÷」は「/」で計算

数式で使う「*」のような記号を「演算子」と呼びます。数値計算に使う「算術演算子」には、下表の種類があります。

●算術演算子

| 演算子 | 意味 | 数式の例 | セルA1の値が「3」の場合の結果 |
|------|------|---------|---------------------------|
| + | 加算 | =A1+2 | 5 （「3+2」が求められる） |
| - | 減算 | =A1-2 | 1 （「3-2」が求められる） |
| * | 乗算 | =A1*2 | 6 （「3×2」が求められる） |
| / | 除算 | =A1/2 | 1.5 （「3÷2」が求められる） |

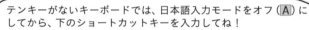

テンキーがないキーボードでは、日本語入力モードをオフ（A）にしてから、下のショートカットキーを入力してね！

一般的な計算式には「+」「-」より「×」「÷」を先に計算するルールがありますが、Excelも同じです。「+」「-」より「*」「/」を先に計算します。計算の順序は、かっこで囲むことで変えられます。

・「=1+2*3」は「2*3」が先に計算されて結果は「7」
・「=(1+2)*3」は「1+2」が先に計算されて結果は「9」

かっこで計算の順序が変わる点は、学校で習った計算と同じだね。

文字列を連結したいときには「文字列連結演算子」を使用します。別々の
セルに入力された姓と名、都道府県と住所などを連結できます。連結す
る文字列を数式の中に直接指定する場合は、文字列を半角のダブル
クォーテーションで囲んでください。

●文字列連結演算子

| 演算子 | 意味 | 数式の例 | 意味 |
|---|---|---|---|
| & | 文字列の連結 | =A1&B1&"様" | セルA1の値とセルB1の値と「様」を連結する |

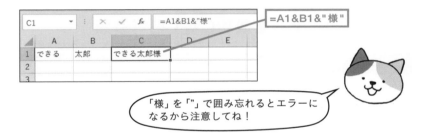

「様」を「"」で囲み忘れるとエラーになるから注意してね！

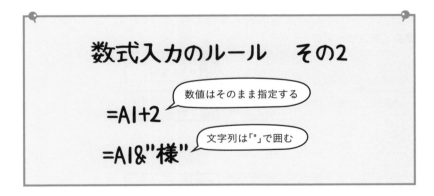

数式入力のルール　その2

数値はそのまま指定する

=A1+2

文字列は「"」で囲む

=A1&"様"

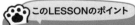 このLESSONのポイント

- 数式は「=」で入力を開始する
- 数式の中で計算に使う記号を「演算子」と呼ぶ

第4章　Excelの醍醐味　数式と関数で業務を効率化

# その計算間違いは「絶対参照」で防げます

 137ページの売上計算が途中だったね。下のセルにも数式を入力しなくちゃ。入力するのは「=B4*C4」ね！

 入力する必要はないよ。2行目以降は「オートフィル」で数式をコピーするんだ！

SECTION
1
## 数式のコピーを成功に導く相対参照

### ▶数式を下の方向にコピーする

練習用ファイル ▶ 14_01.xlsx

LESSON5でオートフィルを利用して連続データを入力したことを覚えているでしょうか。実は、**オートフィルは数式のコピーにも使用できます**。数式を入力したセルを選択し、右下角のフィルハンドルを（**+**）の形のマウスポインターでドラッグしてください。

●数式をコピーする

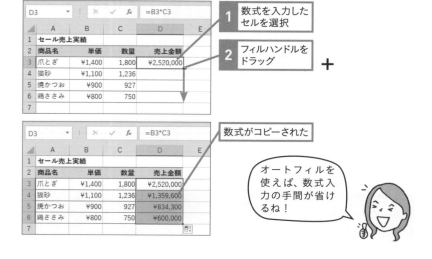

1 数式を入力したセルを選択

2 フィルハンドルをドラッグ

数式がコピーされた

オートフィルを使えば、数式入力の手間が省けるね！

1行目の数式をコピーしたのに、計算結果が1行目と異なるのはどうして？

各行の数式を確認すれば、その謎を解き明かせるよ！

## ●数式を確認する

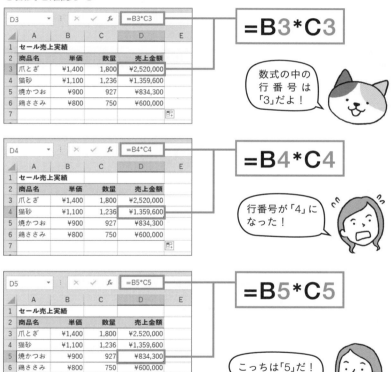

=B3*C3

数式の中の行番号は「3」だよ！

=B4*C4

行番号が「4」になった！

=B5*C5

こっちは「5」だ！

第4章　Excelの醍醐味　数式と関数で業務を効率化

141

コピーした数式を見比べると、数式の中の行番号の数字が「3」から「4」
「5」と変わっていることが分かります。数式を下の方向にコピーすると、
数式の中の行番号が自動的に1ずつ増えるのです。その結果、各行で正
しく計算できたというわけです。

> 数式のコピーで表の書式が崩れたときは、
> 54ページを参考に［書式なしコピー］を
> 使うと書式を元に戻せるよ。

## ▶数式を右の方向にコピーする

練習用ファイル ▶ 14_02.xlsx

オートフィルを使って、数式を右の方向にコピーすることもできます。
下の図を見てください。セルB5に「=B3+B4」という数式が入力されて
います。これを右方向にコピーしてみましょう。

●数式をコピーする

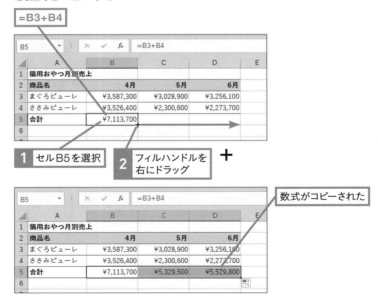

`=B3+B4`

**1** セルB5を選択

**2** フィルハンドルを右にドラッグ

数式がコピーされた

コピーしたセルの数式を確認してみましょう。数式の中の列番号が「B」
「C」「D」と、1列ずつずれていることが分かります。

●数式を確認する

| | A | B | C | D | E |
|---|---|---|---|---|---|
| 1 | 猫用おやつ月別売上 | | | | |
| 2 | 商品名 | 4月 | 5月 | 6月 | |
| 3 | まぐろピューレ | ¥3,587,300 | ¥3,028,900 | ¥3,256,100 | |
| 4 | ささみピューレ | ¥3,526,400 | ¥2,300,600 | ¥2,273,700 | |
| 5 | 合計 | ¥7,113,700 | ¥5,329,500 | ¥5,529,800 | |
| 6 | | | | | |
| 7 | | | | | |

=B3+B4    =C3+C4    =D3+D4

数式の中でセル番号を「行番号＋列番号」形式で「A1」のように指定する
と、**数式を下方向にコピーしたときは行番号がずれ、右方向にコピーし
たときは列番号がずれます**。この「A1」「B1」のようなセル番号の指定方
法を「**相対参照**」と呼びます。

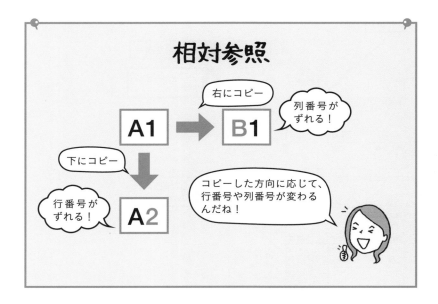

# 2 コピー時にずれたら困るセルは絶対参照で

 数式をコピーすると番号が自動でずれるからラクチンだね！

 ちょっと待って。**行番号や列番号が自動でずれると計算間違いが起こる例もある**から、気を付けなきゃいけないんだ。

## ▶コピーした数式が計算間違いを起こす！？

ミケの言う「行番号や列番号が自動でずれると計算間違いが起こる」という例を見てみましょう。下の図のセルC4の消費税欄には、「単価×消費税率」の計算が「=B4*D1」という数式で求められています。この数式をコピーしてみましょう。

●数式をコピーする（失敗例）

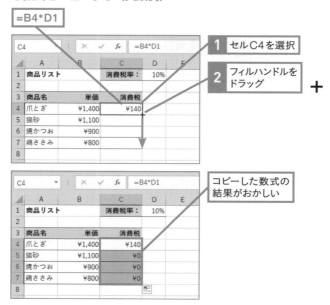

144

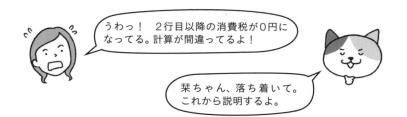

コピー元のセルでは正しく計算されていたのに、コピー先のセルでは間違った計算結果が表示されてしまいました。計算間違いの原因を探るために、各セルの数式を確認します。

●数式を確認する

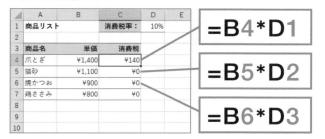

数式を下方向にコピーしたので、数式の中の行番号が1ずつ増えています。本来、入力したい式は、「各商品の単価×消費税率」です。コピーすることによって消費税率の「D1」が「D2」「D3」と変化してしまったために、間違った計算が行われたのです。

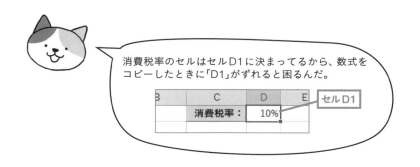

第4章　Excelの醍醐味　数式と関数で業務を効率化

## ▶ずれたら困るセルは絶対参照で指定する

数式の中に「A1」「B1」の形式でセル番号を指定すると、コピーしたとき
に自動的に番号がずれます。ずらしたくないときは、行番号と列番号の
それぞれの前に「$」記号を付けて、「$A$1」「$B$1」のように指定します。
このようなセルの指定方法を「絶対参照」と呼びます。絶対参照のセル番
号は固定されるので、どこにコピーしても変化することはありません。

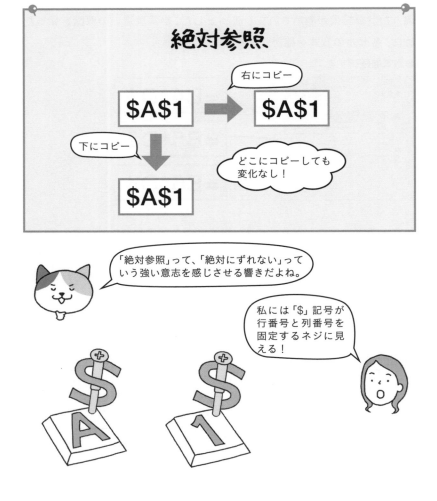

それでは、絶対参照を使った数式を入力してみましょう。**新しいセルに入力する場合は、数式にセル番号を入力したあとに F4 キーを押すと、セル番号が絶対参照に変わります。入力済みの数式を修正する場合は、数式バーでセル番号を選択して F4 キーを押すと、セル番号が絶対参照に変わります。**

●数式の入力時にセル番号を絶対参照に変える

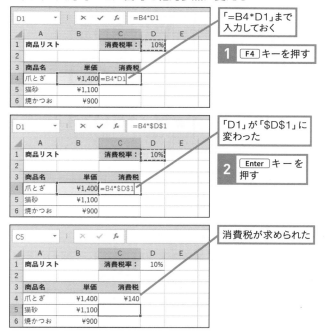

「=B4*D1」まで
入力しておく

**1** F4 キーを押す

「D1」が「$D$1」に
変わった

**2** Enter キーを
押す

消費税が求められた

●入力済みの数式のセル番号を絶対参照に変える

数式バーで「D1」をドラッグ
して F4 キーを押すと「D1」
が絶対参照に変わる

1行目に入力した数式を、オートフィルでコピーします。コピーできたら、各セルの数式を確認してください。

●数式を確認する

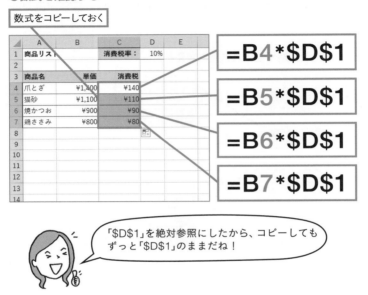

「\$D\$1」を絶対参照にしたから、コピーしてもずっと「\$D\$1」のままだね！

F4 キーを押すと相対参照の「A1」が絶対参照の「\$A\$1」に変わりますが、さらに F4 キーを押すと、行だけに「\$」が付いた「A\$1」、列だけに「\$」が付いた「\$A1」に変わります。「A\$1」「\$A1」形式の指定を「複合参照」と呼びます。F4 キーを押し間違えたときは、何度か押せば元の参照形式に戻せます。

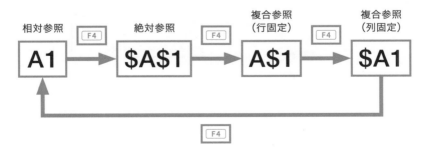

練習用ファイル ▶ 14_04.xlsx

# 3 複合参照って何に使うの?

複合参照は、相対参照と絶対参照を組み合わせた指定方法です。「A$1」
の「A」はコピーした方向に応じて変化し、「1」は固定されます。また、
「$A1」の「A」は固定され、「1」はコピーした方向に応じて変化します。

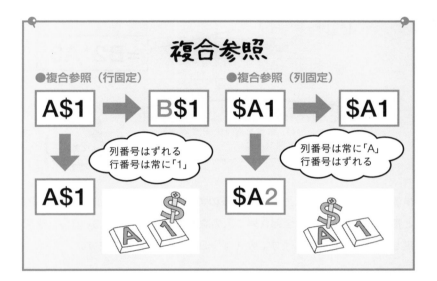

下図を見てください。「単価×数量」で金額を求めるマトリックス表です。
このような表で数式を立てるときに、複合参照が必要です。

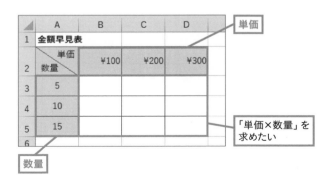

第4章 Excelの醍醐味 数式と関数で業務を効率化

149

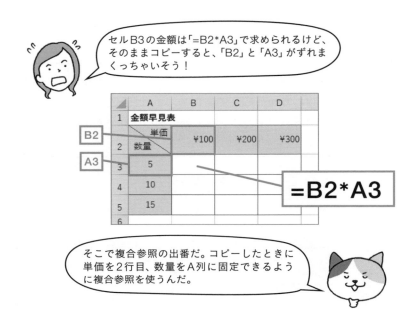

そこで複合参照の出番だ。コピーしたときに単価を2行目、数量をA列に固定できるように複合参照を使うんだ。

単価は全部2行目に入力されているので、「B2」の「2」を固定して「B$2」と指定します。数量は全部A列に入力されているので、「A3」の「A」を固定して「$A3」と指定します。数式は「=B$2*$A3」となります。

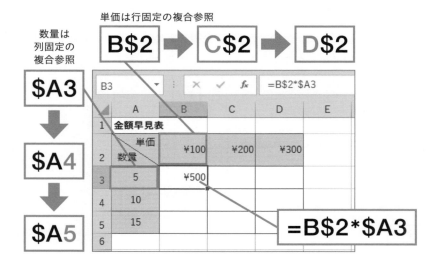

入力した数式を表全体にコピーして、正しく計算されることを確認してください。

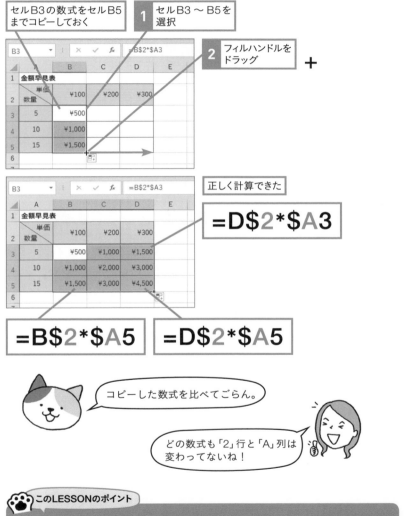

セルB3の数式をセルB5までコピーしておく

**1** セルB3 〜 B5を選択

**2** フィルハンドルをドラッグ ＋

正しく計算できた

=D$2*$A3

=B$2*$A5    =D$2*$A5

コピーした数式を比べてごらん。

どの数式も「2」行と「A」列は変わってないね！

🐾 **このLESSONのポイント**

- 相対参照の「A1」は数式をコピーした方向に応じて変化する
- 絶対参照の「$A$1」は数式をコピーしたときに固定される
- 複合参照の「A$1」は行が固定され、「$A1」は列が固定される

第4章 Excelの醍醐味 数式と関数で業務を効率化

151

# 日付も足し算できるって ホント?

先輩が作った表を見ていたら、「見積有効期限」欄に「発行日+14」という数式が入力されていたんだけど、日付って足し算できるの?

| | | |
|---|---|---|
| 発行日 | 2021/9/1 | セルC4 |
| 見積有効期限 | 2021/9/15 | =C4+14 |

できるよ! Excelにとって日付は数値だから足し算ができるんだ。よし、日付の正体について説明しよう。

## 日付の正体は「シリアル値」という名の数値

Excelの内部では、日付を「シリアル値」と呼ばれる数値に置き換えて計算されます。**シリアル値は、「1900/1/1」を「1」、「1900/1/2」を「2」……として数えた連番になっています。**便宜上「0」には「1900/1/0」という日付が割り当てられています。

●日付のシリアル値

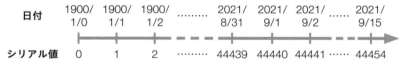

| 日付 | 1900/1/0 | 1900/1/1 | 1900/1/2 | ……… | 2021/8/31 | 2021/9/1 | 2021/9/2 | …… | 2021/9/15 |
|---|---|---|---|---|---|---|---|---|---|
| シリアル値 | 0 | 1 | 2 | ……… | 44439 | 44440 | 44441 | …… | 44454 |

「2021/9/1」のシリアル値は「44440」で、「2021/9/15」のシリアル値は「44454」だよ!

なるほど、「2021/9/1」はExcelにとっては「44440」なんだね。「2021/9/1」に14を足すと「44440+14」が行われて結果は「44454」になるんだ。

 うん。「44454」は日付に換算すると「2021/9/15」だから、見積有効期限が「2021/9/15」になるのさ。

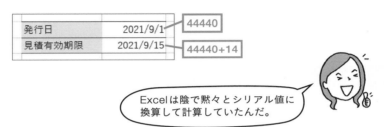

Excelは陰で黙々とシリアル値に換算して計算していたんだ。

日付のシリアル値は1日分が「1」なので、**時刻のシリアル値は24時間を「1」として計算できます**。例えば「6:00」は1日の4分の1なので、シリアル値は「0.25」になります。

また、「2021/9/1 6:00」のような日付と時刻を組み合わせたデータのシリアル値は、「2021/9/1」のシリアル値の「44440」と「6:00」のシリアル値の「0.25」を足した「44440.25」になります。

● 時刻のシリアル値

| 時刻 | 0:00 | 6:00 | 12:00 | 18:00 | 24:00 |
| --- | --- | --- | --- | --- | --- |
| シリアル値 | 0 | 0.25 | 0.5 | 0.75 | 1 |

● 日付と時刻のシリアル値

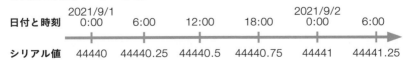

| 日付と時刻 | 2021/9/1 0:00 | 6:00 | 12:00 | 18:00 | 2021/9/2 0:00 | 6:00 |
| --- | --- | --- | --- | --- | --- | --- |
| シリアル値 | 44440 | 44440.25 | 44440.5 | 44440.75 | 44441 | 44441.25 |

第4章 Excelの醍醐味 数式と関数で業務を効率化

# 2 日付と数値の違いは表示形式で決まる！

 Excelにとって日付が数値だとしたら、数値のセルと日付のセルは何が違うの？

 表示形式だよ！

## ▶セルの値と表示形式

75ページで説明したように、セルの値、表示形式、フォント、フォントサイズ、……などの情報は、セルごとに記憶の箱に格納されています。初期状態の空白のセルの場合、「値の箱」は空で、「表示形式の箱」には[標準]が格納されています。

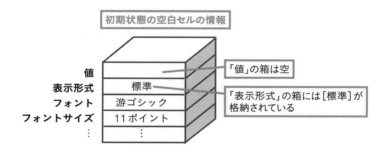

例えば、セルD2に「44440」を入力すると、セルD2の「値の箱」に「44440」が格納されます。「表示形式の箱」は[標準]のまま変わりません。一方、セルF2に「2021/9/1」を入力すると、セルF2の「値の箱」にシリアル値の「44440」が格納され、「表示形式の箱」に[日付]が格納されます。

セルD2とセルF2は、値はどちらも「44440」ですが、表示形式が異なります。表示形式が［標準］の場合はセルに数値として表示され、表示形式が［日付］の場合はセルに日付として表示されるのです。

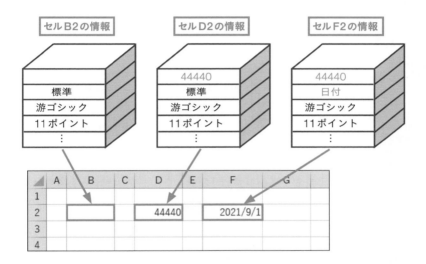

試しに77ページを参考に、セルF2に［標準］の表示形式を設定してみましょう。セルF2の日付がシリアル値の「44440」に変わるはずです。反対に、日付の表示形式を設定すれば、数値を日付に変えることもできます。

［標準］の表示形式を設定すると、日付が数値に変わる

**このLESSONのポイント**

- Excelの内部では日付を「シリアル値」で管理する
- 数値のセルと日付のセルでは表示形式が異なる

第4章　Excelの醍醐味　数式と関数で業務を効率化

関数の入力

# [オートSUM]と
# 関数の基本

 さて、いよいよ関数の学習に入るよ。まずは合計を計算する[オートSUM（サム）]から始めるよ。

 合計は、いろいろな表で一番よく見る計算だよね。しっかり覚えなきゃ！

SECTION

練習用ファイル ▶ 16_01.xlsx

## 1 [オートSUM]を利用しよう

Excelで最も使用頻度が高い計算は「合計」でしょう。**合計を手早く計算できるように、Excelには[オートSUM]ボタン（Σ）が用意されています。**ボタンをクリックするだけで、自動で合計を求める機能です。

### ▶[オートSUM]ボタンで合計を求める

[オートSUM]ボタン（Σ）を使用して、下の売上表で「4月」の合計を求めましょう。

合計のセルを
**1** クリック

**2** [ホーム] タブをクリック

**3** [オートSUM] をクリック

合計する範囲が青枠で囲まれた

**4** 合計する範囲が正しく選択されていることを確認

操作5の代わりに [Enter] キーを押してもOK！

| | A | B | C | D | E | F |
|---|---|---|---|---|---|---|
| 1 | **キャットフード売上** | | | | | (千円) |
| 2 | **商品名** | **内容(kg)** | **4月** | **5月** | **6月** | **合計** |
| 3 | まぐろDx-L | 1.5 | 1,202 | 1,342 | 1,051 | |
| 4 | まぐろDx-S | 0.5 | 871 | 919 | 924 | |
| 5 | チキンDx | 1.8 | 1,380 | 1,036 | 1,246 | |
| 6 | サーモンDx | 1.8 | 1,316 | 1,180 | 1,450 | |
| 7 | | **合計** | =SUM(C3:C6) | | | |
| 8 | | | SUM(数値1, [数値2], ...) | | | |

「=SUM(C3:C6)」が入力される

**5** もう一度 [オートSUM]をクリック

合計が表示された

| | A | B | C | D | E | F |
|---|---|---|---|---|---|---|
| 1 | **キャットフード売上** | | | | | (千円) |
| 2 | **商品名** | **内容(kg)** | **4月** | **5月** | **6月** | **合計** |
| 3 | まぐろDx-L | 1.5 | 1,202 | 1,342 | 1,051 | |
| 4 | まぐろDx-S | 0.5 | 871 | 919 | 924 | |
| 5 | チキンDx | 1.8 | 1,380 | 1,036 | 1,246 | |
| 6 | サーモンDx | 1.8 | 1,316 | 1,180 | 1,450 | |
| 7 | | **合計** | 4,769 | 4,477 | 4,671 | |
| 8 | | | | | | |

入力した数式を「6月」のセルまでコピーしておく

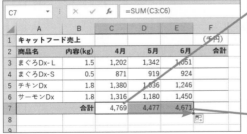

合計のセルに入力された「=SUM(C3:C6)」って何？

SUM（サム）関数の数式だよ。「=SUM(C3:C6)」は、「セルC3〜C6を合計する」っていう意味だよ。あとで詳しく説明するね。

## ▶合計する範囲が間違っていたときの修正方法

[オートSUM] では、合計を表示するセルの上か左にある、数値が連続する範囲が合計対象になります。指定された合計の範囲が目的の範囲と違っていた場合、正しい範囲をドラッグして指定し直します。

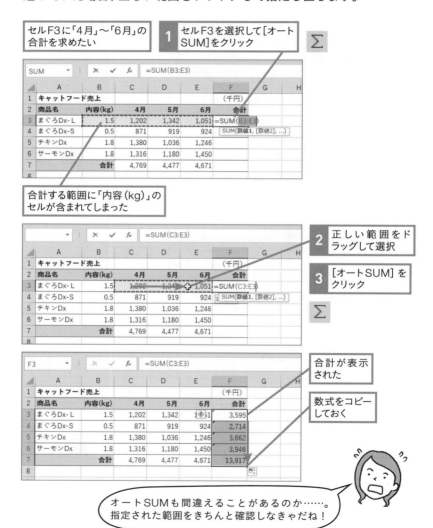

セルF3に「4月」～「6月」の合計を求めたい

**1** セルF3を選択して[オートSUM]をクリック

合計する範囲に「内容 (kg)」のセルが含まれてしまった

**2** 正しい範囲をドラッグして選択

**3** [オートSUM]をクリック

合計が表示された

数式をコピーしておく

オートSUMも間違えることがあるのか……。
指定された範囲をきちんと確認しなきゃだね！

158

■ STEP UP!

# セルの左上に表示される緑色の三角形は何？

データや数式を入力したセルの左上に緑色の三角形が表示されること
とがあります。この三角形は「**エラーインジケータ**」と呼ばれ、**セ
ルに間違いの可能性があることを示します。**データや数式をよく
チェックし、間違いがある場合は修正しましょう。間違いがない場
合はそのままにしておいて問題ありませんが、気になるようなら下
図のように操作すると消せます。

第4章 Excelの醍醐味 数式と関数で業務を効率化

| | 合計 |
|---|---|
| 1,051 | 3,595 |

エラーインジケーター

**1** エラーインジケーターが表示
されたセルをクリック

| | B | C | D | E | F | G | H |
|---|---|---|---|---|---|---|---|
| トフード売上 | | | | | (千円) | | |
| | 内容(kg) | 4月 | 5月 | 6月 | 合計 | | |
| Dx-L | 1.5 | 1,202 | 1,342 | 1 ▾ | 3,595 | | |
| Dx-S | 0.5 | 871 | 919 | | | | |
| Dx | 1.8 | 1,380 | 1,036 | 1 | | | |
| ンDx | 1.8 | 1,316 | 1,180 | 1 | | | |
| | 合計 | 4,769 | 4,477 | 4 | | | |

数式は隣接したセルを使用していません
数式を更新してセルを含める(U)
このエラーに関するヘルプ
エラーを無視する
数式バーで編集(F)
エラー チェック オプション(O)...

**2** ここをク
リック

**3** [エラーを無視する]を
クリック

エラーインジケーターが消えた

| | B | C | D | E | F | G |
|---|---|---|---|---|---|---|
| トフード売上 | | | | | (千円) | |
| | 内容(kg) | 4月 | 5月 | 6月 | 合計 | |
| Dx-L | 1.5 | 1,202 | 1,342 | 1,051 | 3,595 | |
| Dx-S | 0.5 | 871 | 919 | 924 | 2,714 | |
| Dx | 1.8 | 1,380 | 1,036 | 1,246 | 3,662 | |
| ンDx | 1.8 | 1,316 | 1,180 | 1,450 | 3,946 | |
| | 合計 | 4,769 | 4,477 | 4,671 | 13,917 | |

このエラーインジケー
ターは、「内容(kg)」の数
値を合計に含めなくてい
いですか、とExcelが心
配してくれているんだよ。

操作1でセルF3〜F6を選択して
操作すれば、まとめて消せるよ。

# そもそも関数って何?

 関数って、数学で習った2次関数とかサイン・コサインとかでしょ? 数学は苦手だし、これ以上はついていけないかも。

 Excelの関数は数学とは無関係。関数に計算材料を渡すだけで、あとはExcelが勝手に計算してくれるから、誰でも簡単に使えるよ!

 計算材料を渡すだけって、材料を入れるだけででき上がる今はやりの自動調理家電みたいね!

## ▶関数は誰でも使える便利な仕組み　練習用ファイル ▶ 16_02.xlsx

**関数は、面倒な計算や複雑な処理を1つの数式で実行してくれる便利な仕組み**です。Excelにはたくさんの関数が用意されています。例えば、SUM関数は合計を求める関数です。SUM関数に合計の材料を与えると、自動で結果を出してくれます。「SUM」を関数名、**関数に与える計算の材料**を「引数(ひきすう)」と呼びます。

関数に引数を渡すだけ!
あとは全自動で結果を出してくれる!

関数を入力するときは、「=」に続けて関数名を入力し、かっこの中に引数を指定します。複数の引数を指定する場合は、引数を「,（カンマ）」で区切ります。引数の種類や個数は関数によって異なります。

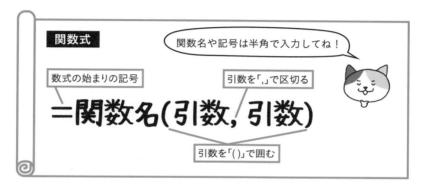

SUM関数は、[数値1][数値2]…、という引数を持ちます。[数値2]以降の引数は省略可能です。引数には、セルやセル範囲を指定できます。セル範囲を指定する場合は、「開始セル：終了セル」の形式でセル番号を「:」（コロン）で区切ります。

| 書式 | 数値を合計する |
|---|---|

$$= \overset{\text{サム}}{\text{SUM}}(数値1, 数値2, \cdots)$$

=SUM（C3：C6）
関数名　　数値1

| 意味 | セルC3 ～ C6の数値を合計する |
|---|---|

このSUM関数は、156ページで
[オートSUM]を使って入力した
数式だね。

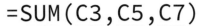

## =SUM(C3,C5,C7)

関数名 　数値1　　数値2　　数値3

**意味** セルC3とセルC5とセルC7の数値を合計する

数値1と数値2と数値3を指定しているね。

複数の引数を使えば、離れたセルの合計も
求められるんだよ。

離れたセルの合計を求めるときは、[オートSUM]ボタンをクリックした
あと1個所目をクリックして選択します。2個所目以降は、Ctrl キーを
押しながらクリックしてください。

合計欄のセルを選択して [オート
SUM]をクリックしておく

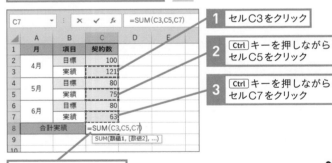

**1** セルC3をクリック

**2** Ctrl キーを押しながら
セルC5をクリック

**3** Ctrl キーを押しながら
セルC7をクリック

「=SUM(C3,C5,C7)」が
入力された

離れた複数のセル範囲を合計する場合は、
Ctrl キーを押しながら2つ目以降の範囲を
ドラッグしてね。

## STEP UP!

# [オートSUM]ボタンで平均も求められる

[オートSUM] ボタンの横にある [▼] をクリックして計算方法を選択すると、合計のほかに平均、数値の個数、最大値、最小値を求めることができます。

● [オートSUM] ボタンで入力できる関数

| 計算の種類 | 関数 |
|---|---|
| 合計 | SUM（サム） |
| 平均 | AVERAGE（アベレージ） |
| 数値の個数 | COUNT（カウント） |
| 最大値 | MAX（マックス） |
| 最小値 | MIN（ミニマム） |

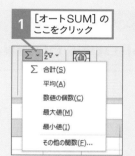

**1** [オートSUM] のここをクリック

合計のほか、平均、数値の個数、最大値、最小値を求められる

ミケ、知ってる？　最近の自動調理家電って、すごく便利なんだよ。レシピ通りの材料を入れるだけで、料理下手の私でも美味しい料理ができるから。

関数も同じだよ。決められた引数を渡すだけで、自動で結果を出してくれる。数学が得意とか苦手とか関係ない！　ただし、関数ごとに引数の種類や順番が決まっているから、その決まりを守る必要がある。

レシピ通りの材料をレシピ通りの順番で入れないとダメってことね。

## ▶関数を入力しよう

練習用ファイル ▶ 16_03.xlsx

数値の切り捨てを行うROUNDDOWN（ラウンドダウン）関数を例に、関数の入力方法を説明します。ROUNDDOWN関数は、[数値]と[桁数]の2つの引数を持ちます。[桁数]に「0」を指定すると、[数値]の小数点以下が切り捨てられます。

---

**書式** 数値を切り捨てる

ラウンドダウン
**=ROUNDDOWN(数値, 桁数)**

●ROUNDDOWN関数を入力する

「割引計算」欄の数値の小数点
以下を切り捨てたい

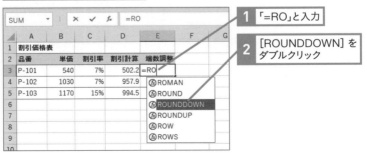

**1** 「=RO」と入力

**2** [ROUNDDOWN] を
ダブルクリック

関数名が入力
された

関数の書式が
表示された

**3** [関数の挿入]を
クリック

頭文字を入力すると関数の候補が表示される
から、つづりがうろ覚えでも大丈夫だね。

そのまま続けて引数を手入力してもいい
けど、[関数の挿入]（ *fx* ）を使うと設定画
面でより簡単に入力できるよ。

[関数の引数]ダイアログ
ボックスが表示された

**4** [数値]のここを
クリック

**5** 引数に指定するセルD3を
クリック

引数の入力欄を穴埋めしていけばいいだけ
だから、安心して関数を入力できるね。

引数にセル範囲を指定する関数の場合は、
引数欄をクリックしたあと、該当のセル
範囲をドラッグしてね。

第4章 Excelの醍醐味 数式と関数で業務を効率化

「D3」が入力された

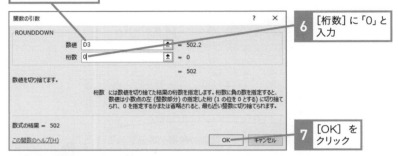

6 [桁数]に「0」と
入力

7 [OK]を
クリック

=ROUNDDOWN(D3,0)

関数の結果が
表示された

| E3 | | : | × | ✓ | fx | =ROUNDDOWN(D3,0) | |
|---|---|---|---|---|---|---|---|
| ▲ | A | B | C | D | E | F | G |
| 1 | 割引価格表 | | | | | | |
| 2 | 品番 | 単価 | 割引率 | 割引計算 | 端数調整 | | |
| 3 | P-101 | 540 | 7% | 502.2 | 502 | | |
| 4 | P-102 | 1030 | 7% | 957.9 | | | |
| 5 | P-103 | 1170 | 15% | 994.5 | | | |
| 6 | | | | | | | |

引数の間違いに気づいたときは、
どうやって修正するの？

関数のセルを選択して[関数の挿入]（ fx ）を
クリックすると、[関数の引数]ダイアログ
ボックスを再表示できるよ。

🐾 このLESSONのポイント

• [オートSUM]ボタンを使うとSUM関数が自動入力され、合計を簡単に
  求められる
• 関数は決められた書式にしたがって入力する

LESSON
**17**

関数の活用

# ビジネスに必須の
# 厳選5関数

 関数を覚えるときは、ビジネスでよく使われる関数から覚えていくと効率よくマスターできるよ。

 ビジネスでよく使われる関数って、どんな関数?

 [オートSUM]のSUM関数。あとは次の5つだよ!
・ROUNDDOWN(ラウンドダウン)関数
・IF(イフ)関数
・COUNTIFS(カウントイフエス)関数
・SUMIFS(サムイフエス)関数
・VLOOKUP(ブイルックアップ)関数

SECTION
**1** ## ROUNDDOWN関数で数値を切り捨てる

164ページで紹介したROUNDDOWN関数は、数値の切り捨てに使う関数です。消費税や割引額などを計算したときに出る端数を切り捨てるときによく使用されます。

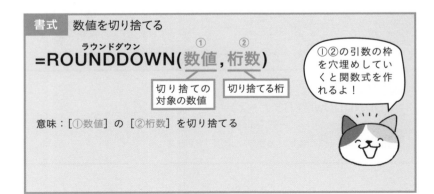

書式 数値を切り捨てる

ラウンドダウン
=ROUNDDOWN(数値, 桁数)
　　　　　　　　①　　②

①切り捨ての対象の数値
②切り捨てる桁

①②の引数の枠を穴埋めしていくと関数式を作れるよ!

意味:[①数値]の[②桁数]を切り捨てる

## ▶[桁数]の考え方

練習用ファイル ▶ 17_01.xlsx

2番目の引数［桁数］は、切り捨てを行う桁に応じた値を指定します。［数値］の小数点以下（一の位より下）を切り捨てて整数にする場合は、「0」を指定します。あとは下表のように「0」を基準に「1」ずつ機械的に増減させると［桁数］を導けます。

● ［桁数］の指定方法（［数値］に「1234.5678」を指定した場合）

| 桁数 | 関数の結果 | 説明 |
|---|---|---|
| -3 | 1000 | 千の位より下を切り捨てる |
| -2 | 1200 | 百の位より下を切り捨てる |
| -1 | 1230 | 十の位より下を切り捨てる |
| 0 | 1234 | 一の位より下を切り捨てる |
| 1 | 1234.5 | 小数点第1位より下を切り捨てる |
| 2 | 1234.56 | 小数点第2位より下を切り捨てる |
| 3 | 1234.567 | 小数点第3位より下を切り捨てる |

基準 → 0

-1
-1
-1
+1
+1
+1

● お買い上げ額の100円未満を切り捨てる

引数を穴埋めしながら式を立てればいいんだね！

### セル C3 の式

=ROUNDDOWN(B3,-2)
　　　　　　　①数値 ②桁数

**意味** ［①セルB3の値］の［②百の位より下］を切り捨てる

168

## ▶[数値]に式を指定してもOK！

練習用ファイル ▶ 17_02.xlsx

1番目の引数 [数値] には、計算式を指定することもできます。下図では、「単価×消費税率」で求めた消費税の小数点以下を切り捨てています。

●消費税の小数点以下を切り捨てる

| | D3 | | ✕ ✓ $f_x$ =ROUNDDOWN(B3*C3,0) | | | |
|---|---|---|---|---|---|---|
| | A | B | C | D | E | F |
| 1 | 消費税計算 | | | | | |
| 2 | 品番 | 本体価格 | 消費税率 | 消費税 | | |
| 3 | K-101 | ¥320 | 8% | ¥25 | | |
| 4 | K-201 | ¥280 | 8% | ¥22 | | |
| 5 | M-101 | ¥315 | 10% | ¥31 | | |
| 6 | | | | | | |

---

**セルD3の式**

=ROUNDDOWN(B3*C3 , 0)
　　　　　　①数値　②桁数

**意味** [①セルB3×セルC3]の[②一の位より下]を切り捨てる

---

「B3*C3」を入力するとき、「B3」や「C3」はいつも通りセルのクリックで入力できるよ。

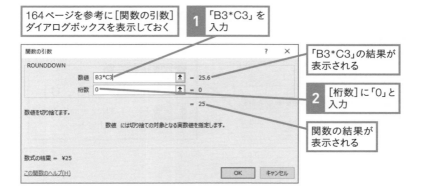

164ページを参考に[関数の引数]ダイアログボックスを表示しておく

**1** 「B3*C3」を入力

「B3*C3」の結果が表示される

**2** [桁数]に「0」と入力

関数の結果が表示される

## ▶四捨五入や切り上げもカンタン

練習用ファイル ▶ 17_03.xlsx

ROUNDDOWN関数の仲間に、**四捨五入を行うROUND（ラウンド）関数と切り捨てを行うROUNDUP（ラウンドアップ）関数**があります。引数の指定方法はROUNDDOWN関数と同じです。端数をどのように処理したいかに応じて使い分けます。

| 書式 | 数値を四捨五入する |
| --- | --- |

ラウンド
**=ROUND(数値,桁数)**

| 書式 | 数値を切り上げる |
| --- | --- |

ラウンドアップ
**=ROUNDUP(数値,桁数)**

●割引価格の小数点以下を四捨五入する

### セルE3の式
**=ROUND(D3,0)**

意味 ［セルD3］の［一の位より下］を四捨五入する

●割引価格の小数点以下を切り上げる

### セルE3の式
**=ROUNDUP(D3,0)**

意味 ［セルD3］の［一の位より下］を切り上げる

SECTION
## 2 IF関数で条件分岐する

 IF関数を使うと、条件分岐を自動化できるよ。

 条件分岐って何?

 「もし〜なら○○そうでないなら××」のような処理のことだよ。

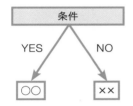

「条件」とは、答えが必ず「YES」か「NO」のどちらかになるもののことだよ。

### ▶IF関数はどんなときに使うの?

**IF関数は、条件の答えがYESかNOかによって、2つの選択肢のうちから1つだけを決める関数です。例えば、「購入額が5000円以上なら送料は0円、そうでないなら600円」のような値の切り替えに使用します。**

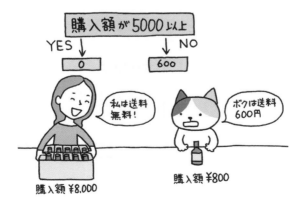

## ▶IF関数の式を立てる

IF関数の引数は［論理式］［真の場合］［偽の場合］の３つです。難しい響きの言葉ですが、図に当てはめてるとイメージしやすくなります。

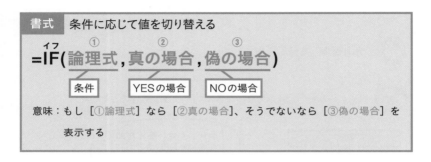

**書式** 条件に応じて値を切り替える

$$=\text{IF(論理式},\text{真の場合},\text{偽の場合})$$
　　　　　　　① 　　　　② 　　　　③

　　　条件　　　YESの場合　　　NOの場合

意味：もし［①論理式］なら［②真の場合］、そうでないなら［③偽の場合］を表示する

論理式：購入額が5000以上

YES　　　NO

真の場合：0　　　偽の場合：600

図にすると条件分岐と引数の対応が分かりやすい！

ここでは下図の送料計算の表で、「購入額が5000円以上」という条件で送料を切り替えます。「以上」という条件は、「>=」という記号を使って指定します。例えば「セルB3の値が5000以上」という条件は、「B3>=5000」で表せます。

| | A | B | C | D |
|---|---|---|---|---|
| 1 | 送料計算 | | | |
| 2 | 顧客名 | 購入額 | 送料 | |
| 3 | 飯田　健二 | ¥12,800 | | |
| 4 | 野村　優香 | ¥750 | | |
| 5 | 松本　亨 | ¥5,000 | | |
| 6 | 渡辺　公子 | ¥3,400 | | |
| 7 | | | | |
| 8 | | | | |

**論理式**

## B3>=5000

もしセルB3が
5000以上なら

●購入額に応じて送料を切り替える

| C3 | | | × ✓ fx | =IF(B3>=5000,0,600) | | |
|---|---|---|---|---|---|---|
| ▲ | A | B | C | D | E | F |
| 1 | 送料計算 | | | | | |
| 2 | 顧客名 | 購入額 | 送料 | | | |
| 3 | 飯田 健二 | ¥12,800 | ¥0 | | | |
| 4 | 野村 優香 | ¥750 | ¥600 | | | |
| 5 | 松本 亨 | ¥5,000 | ¥0 | | | |
| 6 | 渡辺 公子 | ¥3,400 | ¥600 | | | |
| 7 | | | | | | |

「>=」は数学で言う「≧」のことだよ。

セル C3 の式

=IF(B3>=5000,0,600)
　　①論理式　②真の場合　③偽の場合

意味　もし[①セル B3 が 5000 以上]なら[② 0]、そうでないなら[③ 600]を表示する

## ▶ 条件式を立てるための比較演算子

IF関数の条件は、比較対象の2つを「比較演算子」と呼ばれる記号でつないで指定します。比較演算子は「>」「<」「=」の組み合わせでできています。

●比較演算子

| 演算子 | 意味 | 使用例 | 使用例の意味 |
|---|---|---|---|
| > | より大きい | A1>100 | セルA1の値が100より大きい |
| >= | 以上 | A1>=100 | セルA1の値が100以上 |
| < | より小さい | A1<100 | セルA1の値が100より小さい |
| <= | 以下 | A1<=100 | セルA1の値が100以下 |
| = | 等しい | A1=100 | セルA1の値が100と等しい |
| <> | 等しくない | A1<>100 | セルA1の値が100と等しくない |

「<=」は数学の「≦」、「<>」は「≠」のことだね。

第4章　Excelの醍醐味　数式と関数で業務を効率化

次に下図の製品評価の表で、スコアに応じて評価を切り替えてみましょう。スコアが80以上の場合は「A」、60以上の場合は「B」、それ以外は「C」と評価します。

| | A | B | C | D |
|---|---|---|---|---|
| 1 | 製品評価 | | | |
| 2 | 製品番号 | スコア | 評価 | |
| 3 | PW-001 | 87 | | |
| 4 | PW-002 | 46 | | |
| 5 | PW-003 | 72 | | |
| 6 | PW-004 | 91 | | |
| 7 | PW-005 | 60 | | |
| 8 | | | | |

条件分岐の条件
スコアが80以上：A
　　　　60以上：B
　　　　それ以外：C

IF関数で切り替えられる値は2つなのに、今回は3つもある！？

こんなときは2つのIF関数を入れ子にするよ。図にすると分かりやすいよ。

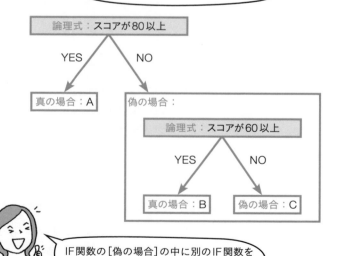

論理式：スコアが80以上

YES　　　NO

真の場合：A　　　偽の場合：

論理式：スコアが60以上

YES　　　NO

真の場合：B　　　偽の場合：C

IF関数の[偽の場合]の中に別のIF関数をすっぽり入れちゃうってことね！

前ページの図をもとに、セルC3に入力する数式を立ててみます。2つの IF関数を別々に考えてから組み合わせると分かりやすいでしょう。数式の中に文字列を指定する場合は、「"A"」「"B"」のように「"」で囲んでください。

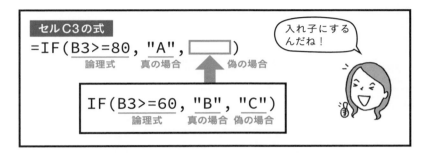

入れ子にすると数式の中にかっこが増えるので、「(」と「)」の数を間違えないように入力しましょう。[関数の引数] ダイアログボックスを使った入力手順は次ページで紹介します。

●スコアに応じて評価を3段階に切り替える

| C3 | | : | × | ✓ | fx | =IF(B3>=80,"A",IF(B3>=60,"B","C")) | | |
|---|---|---|---|---|---|---|---|---|
| | A | B | C | D | E | F | G | |
| 1 | 製品評価 | | | | | | | |
| 2 | 製品番号 | スコア | 評価 | | | | | |
| 3 | PW-001 | 87 | A | | | | | |
| 4 | PW-002 | 46 | C | | | | | |
| 5 | PW-003 | 72 | B | | | | | |
| 6 | PW-004 | 91 | A | | | | | |
| 7 | PW-005 | 60 | B | | | | | |
| 8 | | | | | | | | |

**セルC3の式**

=IF(B3>=80, "A", IF(B3>=60, "B", "C"))
　　　論理式　　真の場合　　　　　偽の場合

第4章　Excelの醍醐味　数式と関数で業務を効率化

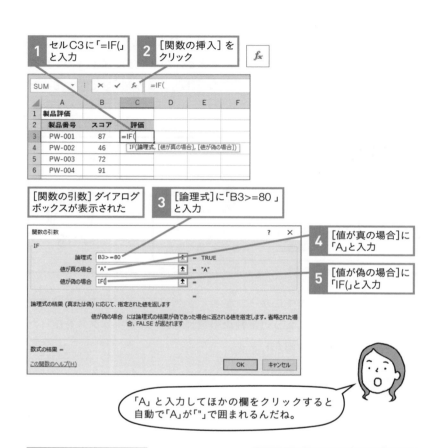

1 セルC3に「=IF(」と入力

2 [関数の挿入]をクリック

[関数の引数]ダイアログボックスが表示された

3 [論理式]に「B3>=80 」と入力

4 [値が真の場合]に「A」と入力

5 [値が偽の場合]に「IF(」と入力

「A」と入力してほかの欄をクリックすると自動で「A」が「"」で囲まれるんだね。

6 数式バーの2つ目の「IF」の文字をクリック

[関数の引数]ダイアログボックスの画面が切り替わった

操作6では、2つある「IF」のうち2つ目の
IFをクリックするんだね。

=IF(B3>=80,"A",**IF**()    2つ目の「IF」

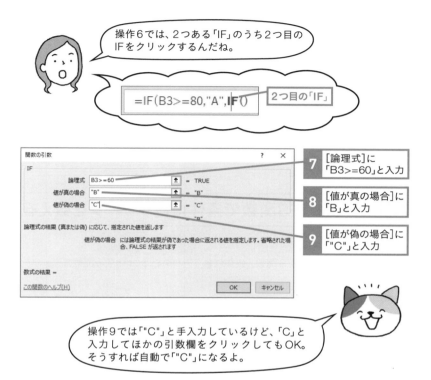

**7** [論理式]に「B3>=60」と入力

**8** [値が真の場合]に「B」と入力

**9** [値が偽の場合]に"C"と入力

操作9では「"C"」と手入力しているけど、「C」と
入力してほかの引数欄をクリックしてもOK。
そうすれば自動で「"C"」になるよ。

**10** 数式バーの1つ目の「IF」の文字をクリック

[関数の引数]ダイアログボックスの
画面が切り替わった

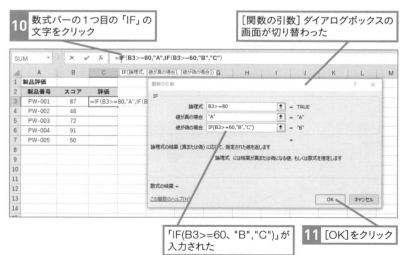

「IF(B3>=60、"B","C")」が
入力された

**11** [OK]をクリック

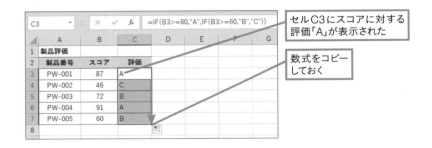

セルC3にスコアに対する
評価「A」が表示された

数式をコピー
しておく

# 3 COUNTIFS関数で条件に合うデータを数える

 次はCOUNTIFS関数。条件に合うデータをカウントする関数だよ。

 「COUNT」と「IF」を組み合わせた関数名だから、「もし〜ならカウントする」っていう意味かな?

 ご明察! 関数名の末尾の「S」は、「条件を複数指定できる」っていう意味の複数形の「S」だよ。

## ▶COUNTIFS関数はどんなときに使うの?

**COUNTIFS関数は、セル範囲の中から条件に合うデータの個数を求める関数です。**例えば、下図のような売上表の分類欄から「猫用品」の数を数えるときに使用します。

| | A | B | C | D | E | F | G |
|---|---|---|---|---|---|---|---|
| 1 | 売上表 | | | | | 集計 | |
| 2 | 売上日 | 分類 | 商品名 | 金額 | | 分類 | データ数 |
| 3 | 2021/9/1 | 犬用品 | ベッド | ¥7,800 | | 猫用品 | |
| 4 | 2021/9/1 | 猫用品 | ケージ | ¥15,000 | | | |
| 5 | 2021/9/1 | 猫用品 | おやつ | ¥1,200 | | | |
| 6 | 2021/9/1 | 犬用品 | ケージ | ¥18,000 | | | |
| 7 | 2021/9/2 | 猫用品 | おやつ | ¥2,500 | | | |
| 8 | 2021/9/2 | 犬用品 | おやつ | ¥800 | | | |
| 9 | 2021/9/2 | 猫用品 | ベッド | ¥3,800 | | | |
| 10 | | | | | | | |

分類欄から「猫用品」の
数を求めたい

## ▶COUNTIFS関数の式を立てる

練習用ファイル ▶ 17_06.xlsx

COUNTIFS関数は、引数として［条件範囲］と［条件］のペアを最低1組
指定して、指定した範囲から指定したデータをカウントします。

| 書式 | 条件に合うデータをカウントする |
|---|---|

**カウントイフエス**
=COUNTIFS(<u>条件範囲1, 条件1</u>, 条件範囲2, 条件2,…)
①　　②

条件のデータを　　　検索する
検索する範囲　　　　データ

意味：［①条件範囲1］から［②条件1］を探してカウントする

ここでは分類欄のセルB3～B9から「猫用品」をカウントします。
COUNTIFS関数の引数［条件範囲1］にセルB3～B9を指定し、［条件1］
に条件の「猫用品」が入力されているセルF3を指定します。

●分類欄から「猫用品」をカウントする

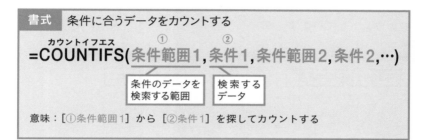

条件範囲1　　　　　　　　　　　　　　　　　　　　　条件1

| | A | B | C | D | E | F | G | H |
|---|---|---|---|---|---|---|---|---|
| 1 | 売上表 | | | | | 集計 | | |
| 2 | 売上日 | 分類 | 商品名 | 金額 | | 分類 | データ数 | |
| 3 | 2021/9/1 | 犬用品 | ベッド | ¥7,800 | | 猫用品 | 4 | |
| 4 | 2021/9/1 | 猫用品 | ケージ | ¥15,000 | | | | |
| 5 | 2021/9/1 | 猫用品 | おやつ | ¥1,200 | | | | |
| 6 | 2021/9/1 | 犬用品 | ケージ | ¥18,000 | | | | |
| 7 | 2021/9/2 | 猫用品 | おやつ | ¥2,500 | | | | |
| 8 | 2021/9/2 | 犬用品 | おやつ | ¥800 | | | | |
| 9 | 2021/9/2 | 猫用品 | ベッド | ¥3,800 | | | | |
| 10 | | | | | | | | |

G3　｜×✓ *fx*　=COUNTIFS(B3:B9,F3)

**セルG3の式**

=COUNTIFS(B3:B9, F3)
①条件範囲1　②条件1

意味　［①分類欄（セルB3～B9）］から［②猫用品（セルF3）］を探してカウントする

第4章 Excelの醍醐味　数式と関数で業務を効率化

## ▶ 条件を複数指定してカウントする

COUNTIFS関数では、[条件範囲]と[条件]のペアを複数指定できます。複数指定した場合、指定したすべての条件に当てはまるデータがカウントされます。下図では、分類が「猫用品」かつ商品名が「おやつ」のデータをカウントしています。

●分類が「猫用品」かつ商品名が「おやつ」のデータをカウントする

| 条件範囲1 | 条件範囲2 | | | 条件1 | 条件2 |

| H3 | ▼ | : | × | ✓ | fx | =COUNTIFS(B3:B9,F3,C3:C9,G3) |

| ▲ | A | B | C | D | E | F | G | H |
|---|---|---|---|---|---|---|---|---|
| 1 | 売上表 | | | | | 集計 | | |
| 2 | 売上日 | 分類 | 商品名 | 金額 | | 分類 | 商品名 | データ数 |
| 3 | 2021/9/1 | 犬用品 | ベッド | ¥7,800 | | 猫用品 | おやつ | 2 |
| 4 | 2021/9/1 | 猫用品 | ケージ | ¥15,000 | | | | |
| 5 | 2021/9/1 | 猫用品 | おやつ | ¥1,200 | | | | |
| 6 | 2021/9/1 | 犬用品 | ケージ | ¥18,000 | | | | |
| 7 | 2021/9/2 | 猫用品 | おやつ | ¥2,500 | | | | |
| 8 | 2021/9/2 | 犬用品 | おやつ | ¥800 | | | | |
| 9 | 2021/9/2 | 猫用品 | ベッド | ¥3,800 | | | | |
| 10 | | | | | | | | |

### セルH3の式

```
=COUNTIFS(B3:B9, F3, C3:C9, G3)
         条件範囲1 条件1 条件範囲2 条件2
```

### STEP UP!

## 追加されるデータを自動で集計に含めるには

[条件範囲]に指定するセル範囲を十分多めに指定しておくと、データが追加されたときに引数を修正せずに済みます。例えば上図の表の場合、引数を次のように指定します。

```
=COUNTIFS(B3:B999,F3,C3:C999,G3)
```

**SECTION**

# 4 SUMIFS関数で条件に合うデータを合計する

 次はSUMIFS関数？　COUNTIFS関数の「合計」版ね！

 売上高の集計に欠かせない関数だよ。集計結果は今後の営業活動の戦略を練る材料になるから、ビジネスの最重要関数と言えるんだ！

## ▶SUMIFS関数はどんなときに使うの？

**SUMIFS関数は、表の中から条件に合うデータを探して、合計を求める関数です。**例えば下図のような売上表で「売上金額を商品別に集計したい」といったときに使用します。

| | A | B | C | D | E | F | G | H |
|---|---|---|---|---|---|---|---|---|
| 1 | 売上表 | | | | | 集計 | | |
| 2 | 売上日 | 分類 | 商品名 | 金額 | | 商品名 | 合計金額 | |
| 3 | 2021/9/1 | 犬用品 | ベッド | ¥7,800 | | ベッド | ¥11,600 | |
| 4 | 2021/9/1 | 猫用品 | ケージ | ¥15,000 | | ケージ | ¥33,000 | |
| 5 | 2021/9/1 | 猫用品 | おやつ | ¥1,200 | | おやつ | ¥4,500 | |
| 6 | 2021/9/1 | 犬用品 | ケージ | ¥18,000 | | | | |
| 7 | 2021/9/2 | 猫用品 | おやつ | ¥2,500 | | | | |
| 8 | 2021/9/2 | 犬用品 | おやつ | ¥800 | | | | |
| 9 | 2021/9/2 | 猫用品 | ベッド | ¥3,800 | | | | |
| 10 | | | | | | | | |

商品別に集計したい

ペット用品の売上高を商品別に合計しておいてね。

あ、これはまさしく先輩に頼まれた集計じゃない！？

取引先別の集計とか、支店別の集計とか、いろんなシーンで役に立ちそう！

まずは簡単な例でSUMIFS関数を使ってみます。下図の売上表で、「猫用品」の売上金額を合計してみましょう。

| | A | B | C | D | E | F | G | H |
|---|---|---|---|---|---|---|---|---|
| 1 | 売上表 | | | | | 集計 | | |
| 2 | 売上日 | 分類 | 商品名 | 金額 | | 分類 | 合計金額 | |
| 3 | 2021/9/1 | 犬用品 | ベッド | ¥7,800 | | 猫用品 | | |
| 4 | 2021/9/1 | 猫用品 | ケージ ➡ | ¥15,000 | | | | |
| 5 | 2021/9/1 | 猫用品 | おやつ ➡ | ¥1,200 | | | | |
| 6 | 2021/9/1 | 犬用品 | ケージ | ¥18,000 | | | | |
| 7 | 2021/9/2 | 猫用品 | おやつ ➡ | ¥2,500 | | | | |
| 8 | 2021/9/2 | 犬用品 | おやつ | ¥800 | | | | |
| 9 | 2021/9/2 | 猫用品 | ベッド ➡ | ¥3,800 | | | | |
| 10 | | | | | | | | |

「猫用品」の「金額」を
合計したい

SUMIFS関数は、COUNTIFS関数と同様に［条件範囲］と［条件］のペアを複数持ちます。COUNTIFS関数と異なるのは、先頭に合計する範囲を指定するための［合計範囲］という引数があることです。必ず指定する引数は［合計範囲］［条件範囲1］［条件1］の3つです。

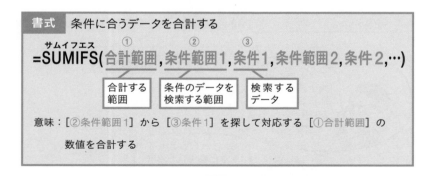

**書式**　条件に合うデータを合計する

サムイフエス
=SUMIFS(**合計範囲**, **条件範囲1**, **条件1**, **条件範囲2**, **条件2**, …)
　　　　　①　　　　　②　　　　③

合計する　　　　条件のデータを　　検索する
範囲　　　　　検索する範囲　　　データ

意味：［②条件範囲1］から［③条件1］を探して対応する［①合計範囲］の
　　　数値を合計する

［合計範囲］と［条件範囲］は同じ
サイズのセル範囲を指定してね。

●分類が「猫用品」の金額を合計する

| 条件範囲1 | 合計範囲 | | | | 条件1 |

| G3 | ▼ | : | × | ✓ | fx | =SUMIFS(D3:D9,B3:B9,F3) |

| | A | B | C | D | E | F | G | H |
|---|---|---|---|---|---|---|---|---|
| 1 | 売上表 | | | | | 集計 | | |
| 2 | 売上日 | 分類 | 商品名 | 金額 | | 分類 | 合計金額 | |
| 3 | 2021/9/1 | 犬用品 | ベッド | ¥7,800 | | 猫用品 | ¥22,500 | |
| 4 | 2021/9/1 | 猫用品 | ケージ | ¥15,000 | | | | |
| 5 | 2021/9/1 | 猫用品 | おやつ | ¥1,200 | | | | |
| 6 | 2021/9/1 | 犬用品 | ケージ | ¥18,000 | | | | |
| 7 | 2021/9/2 | 猫用品 | おやつ | ¥2,500 | | | | |
| 8 | 2021/9/2 | 犬用品 | おやつ | ¥800 | | | | |
| 9 | 2021/9/2 | 猫用品 | ベッド | ¥3,800 | | | | |
| 10 | | | | | | | | |

**セルG3の式**

=SUMIFS(D3:D9 , B3:B9 , F3)
①合計範囲　②条件範囲1　③条件1

**意味** [②分類欄(セルB3 〜 B9)]から[③猫用品(セルF3)]を探して
対応する[①金額欄(セルD3 〜 D9)]の数値を合計する

## ▶商品別の集計表を作るには

練習用ファイル ▶ 17_09.xlsx

SUMIFS関数を使用して商品別の集計表を作る場合は、数式のコピーに
備えて[合計範囲]と[条件範囲1]を絶対参照で固定します。コピーした
ときに集計対象の商品は変えたいので、[条件1]は相対参照で指定します。

条件範囲1と合計範囲は
常に同じ範囲に固定したい

条件の「ベッド」は「ケージ」「おやつ」に
変わるようにしたい

| | A | B | C | D | E | F | G |
|---|---|---|---|---|---|---|---|
| 1 | 売上表 | | | | | 集計 | |
| 2 | 売上日 | 分類 | 商品名 | 金額 | | 商品名 | 合計金額 |
| 3 | 2021/9/1 | 犬用品 | ベッド | ¥7,800 | | ベッド | |
| 4 | 2021/9/1 | 猫用品 | ケージ | ¥15,000 | | ケージ | |
| 5 | 2021/9/1 | 猫用品 | おやつ | ¥1,200 | | おやつ | |
| 6 | 2021/9/1 | 犬用品 | ケージ | ¥18,000 | | | |
| 7 | 2021/9/2 | 猫用品 | おやつ | ¥2,500 | | | |
| 8 | 2021/9/2 | 犬用品 | おやつ | ¥800 | | | |
| 9 | 2021/9/2 | 猫用品 | ベッド | ¥3,800 | | | |
| 10 | | | | | | | |

第4章 Excelの醍醐味 数式と関数で業務を効率化

●売上高を商品別に集計する

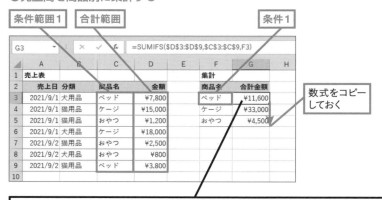

条件範囲1　合計範囲　条件1

G3　=SUMIFS($D$3:$D$9,$C$3:$C$9,F3)

数式をコピーしておく

**セルG3の式**

=SUMIFS($D$3:$D$9 , $C$3:$C$9 , F3)
　　　　　合計範囲　　　　条件範囲1　　条件1

---

**STEP UP!**　　　　　　　　　　練習用ファイル ▶ 17_STEPUP.xlsx

# 複数の条件に合うデータを合計するには

［条件範囲］と［条件］のペアを複数指定すると、複数の条件がすべて合うデータが合計されます。下図では、分類が「猫用品」かつ商品名が「おやつ」の金額を合計しています。

=SUMIFS(D3:D9,B3:B9,F3,C3:C9,G3)

| | A | B | C | D | E | F | G | H | I |
|---|---|---|---|---|---|---|---|---|---|
| 1 | 売上表 | | | | | 集計 | | | |
| 2 | 売上日 | 分類 | 商品名 | 金額 | | 分類 | 商品名 | 合計金額 | |
| 3 | 2021/9/1 | 犬用品 | ベッド | ¥7,800 | | 猫用品 | おやつ | ¥3,700 | |
| 4 | 2021/9/1 | 猫用品 | ケージ | ¥15,000 | | | | | |
| 5 | 2021/9/1 | 猫用品 | おやつ | ¥1,200 | | | | | |
| 6 | 2021/9/1 | 犬用品 | ケージ | ¥18,000 | | | | | |
| 7 | 2021/9/2 | 猫用品 | おやつ | ¥2,500 | | | | | |
| 8 | 2021/9/2 | 犬用品 | おやつ | ¥800 | | | | | |
| 9 | 2021/9/2 | 猫用品 | ベッド | ¥3,800 | | | | | |
| 10 | | | | | | | | | |

H3　=SUMIFS(D3:D9,B3:B9,F3,C3:C9,G3)

SECTION

# 5 VLOOKUP関数で表引きする

 最後はVLOOKUP関数。自動で表引きをしてくれる超便利な関数だよ。

 表引きを自動で？　難しそうだけど、便利そう！

## ▶VLOOKUP関数はどんなときに使うの？

売上明細書などの伝票を入力するときに、品番、品名、単価といった商品情報をすべて手入力するのは面倒です。商品リストを調べる手間が掛かりますし、入力ミスをする心配もあります。

●VLOOKUP関数を使わない場合

商品情報をすべて手入力しなければならない

栞さん、明細の入力、まだですか？

この商品の単価っていくらだったっけ？　商品リストに切り替えて探さなきゃ。

あ、栞ちゃん、単価を入力ミスしているよ。

そんなときは、商品情報の面倒な転記をVLOOKUP関数に任せましょう。売上明細書の品名と単価のセルにVLOOKUP関数を入力しておけば、品番を入れるだけで品名と単価を商品リストから自動転記できます。入力がラクになりますし、入力ミスも防げます。検索する品番のことを、VLOOKUP関数では「検索値」と呼びます。

●VLOOKUP関数を使う場合

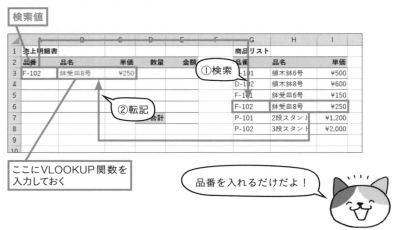

ここにVLOOKUP関数を入力しておく

品番を入れるだけだよ！

## ▶表引きする表のルール

VLOOKUP関数による検索の動作には2つの特徴があります。

- 検索値を探す際に、表の1列目を縦方向に検索する
- 見つかったら右に移動して転記するデータを取得する

したがって転記するデータは、検索値より右の列に入力しておかなければなりません。右であれば離れた列でもかまいません。

●VLOOKUP関数の動作（単価を転記する場合）

縦方向に検索する

| F | G | H | I | J |
|---|---|---|---|---|
| | 商品リスト | | | |
| | 品番 | 品名 | 単価 | |
| | D-101 | 植木鉢6号 | ¥500 | |
| | D-102 | 植木鉢8号 | ¥600 | |
| | F-101 | 鉢受皿6号 | ¥150 | |
| | F-102 | 鉢受皿8号 | ¥250 | |
| | P-101 | 2段スタンド | ¥1,500 | |
| | P-102 | 3段スタンド | ¥2,000 | |

転記するデータは検索値の
右に置くのね！

右に移動してデータを
取得する

## ▶VLOOKUP関数の4つの引数

VLOOKUP関数の引数は4つです。最初の3つは、検索するデータ（検索値）、検索する表（範囲）、取得するデータが何列目にあるか（列番号）を指定します。4番目の［検索方法］は検索値が見つからない場合の対処を指定する引数で、「TRUE」か「FALSE」を指定します。今回のように**検索値に一致する表引きを行う場合は、必ず「FALSE」を指定**してください。

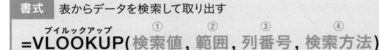

| 書式 | 表からデータを検索して取り出す |
|---|---|

ブイルックアップ
① ② ③ ④
**=VLOOKUP(検索値, 範囲, 列番号, 検索方法)**

| 検索する<br>データ | 検索する表の<br>セル範囲 | 取得する<br>データの<br>列番号 | 「FALSE」を指定<br>すると検索値に一<br>致する値を探せる |
|---|---|---|---|

意味：［②範囲］から［①検索値］を探して、見つかった行の［③列番号］列目
のデータを転記する

## ▶VLOOKUP関数の式を立てる

練習用ファイル ▶ 17_10.xlsx

実際にVLOOKUP関数を入力してみましょう。引数を1つずつ丁寧に考えていけば、必ず式を立てられます。

検索値：「F-102」が入力されているセルA3を指定する

範囲　：商品リストの見出しを除いたセル範囲を指定。あとで数式を
　　　　コピーするときに備えて絶対参照にしておく

列番号：品名を求める場合は「2」、単価を求める場合は「3」を指定する

---

**セルB3の式**

=VLOOKUP(A3, $G$3:$I$8, 2, FALSE)
　　　　①検索値　　　②範囲　　　③列番号 ④検索方法

**意味** [②商品リスト(セルG3～I8)]から[①F-102]を探して、見つかった行の
[③2]列目のデータを転記する。

---

**検索値**

**範囲**

| | A | B | C | D | E | F | G | H | I |
|---|---|---|---|---|---|---|---|---|---|
| | \|C3 ▼ : × ✓ fx =VLOOKUP(A3,$G$3:$I$8,3,FALSE) | | | | | | | | |
| 1 | 売上明細書 | | | | | | 商品リスト | | |
| 2 | 品番 | 品名 | 単価 | 数量 | 金額 | | 品番 | 品名 | 単価 |
| 3 | F-102 | 鉢受皿8号 | ¥250 | | | | D-101 | 植木鉢6号 | ¥500 |
| 4 | | | | | | | D-102 | 植木鉢8号 | ¥600 |
| 5 | | | | | | | F-101 | 鉢受皿6号 | ¥150 |
| 6 | | | | | | | F-102 | 鉢受皿8号 | ¥250 |
| 7 | | | | 合計 | | | P-101 | 2段スタンド | ¥1,200 |
| 8 | | | | | | | P-102 | 3段スタンド | ¥2,000 |
| 9 | | | | | | | | | |

**列番号1**　**列番号2**　**列番号3**

---

**セルC3の式**

=VLOOKUP(A3, $G$3:$I$8, 3, FALSE)
　　　　①検索値　　　②範囲　　　③列番号 ④検索方法

> 品名の数式と単価の数式で異なるのは
> [列番号]だけだよ。

金額欄には「単価×数量」、合計欄にはSUM関数を入力します。

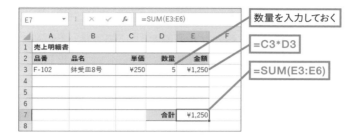

数量を入力しておく

=C3*D3

=SUM(E3:E6)

---

### ▚STEP UP!

## [検索方法]に「TRUE」を指定するとどうなるの?

VLOOKUP関数の [検索方法] は、検索値が見つからない場合の対処を指定する引数です。「FALSE」を指定した場合は、エラーが表示されます。「TRUE」を指定した場合は、検索値に近い値を探そうとするため、検索値に対応しないデータが転記されることがあります。

● 「FALSE」を指定した場合

| | A | B | C | D |
|---|---|---|---|---|
| 1 | 売上明細書 | | | |
| 2 | 品番 | 品名 | 単価 | 数量 |
| 3 | F-999 | #N/A | #N/A | |
| 4 | | | | |
| 5 | | | | |

間違った検索値を指定すると
エラーになる

● 「TRUE」を指定した場合

| | A | B | C | D |
|---|---|---|---|---|
| 1 | 売上明細書 | | | |
| 2 | 品番 | 品名 | 単価 | 数量 |
| 3 | F-999 | 鉢受皿8号 | ¥250 | |
| 4 | | | | |
| 5 | | | | |

間違った検索値を指定すると
間違った結果が表示される

エラーが表示されれば、品番の
入力間違いに気付けるね。

## ▶別シートから表引きするには

練習用ファイル ▶ 17_11.xlsx

実務では、別シートにある表を表引きすることのほうが多いでしょう。別シートのセル範囲は、シート名とセル範囲を「!」（感嘆符）で結んで「シート名!セル番号:セル番号」の形式で指定します。

> **別シートのセル範囲**
>
> # シート名!セル番号：セル番号

例えば、商品リストが［商品］シートのセルA3〜C8に入力されている場合、VLOOKUP関数の2番目の引数［範囲］は、「商品!A3:C8」と指定します。

［商品］シート

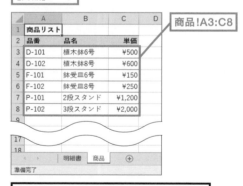

# 商品!A3:C8

**意味** ［商品］シートのセルA3〜C8

> VLOOKUP関数の引数に指定する場合は絶対参照の「商品!$A$3:$C$8」と指定するよ。

ここでは、[明細書] シートの売上明細書にVLOOKUP関数を入力して、
[商品] シートにある商品リストを表引きします。難しく感じるかもしれ
ませんが、下図の数式を188ページと見比べてください。引数 [範囲] が
異なるだけで、ほかの引数は同じです。また、金額欄と合計欄の数式は、
189ページと同じです。

---

**セルB3の式**

=VLOOKUP(A3, 商品!\$A\$3:\$C\$8, 2, FALSE)
　　　　　①検索値　　　　　②範囲　　　　③列番号　④検索方法

---

**検索値**

| | A | B | C | D | E |
|---|---|---|---|---|---|
| 1 | 売上明細書 | | | | |
| 2 | 品番 | 品名 | 単価 | 数量 | 金額 |
| 3 | F-102 | 鉢受皿8号 | ¥250 | 5 | ¥1,250 |
| 4 | | | | | |
| 5 | | | | | |
| 6 | | | | | |
| 7 | | | 合計 | | ¥1,250 |
| 8 | | | | | |

明細書　商品　⊕　準備完了

**範囲**

| | A | B | C | D |
|---|---|---|---|---|
| 1 | 商品リスト | | | |
| 2 | 品番 | 品名 | 単価 | |
| 3 | D-101 | 植木鉢6号 | ¥500 | |
| 4 | D-102 | 植木鉢8号 | ¥600 | |
| 5 | F-101 | 鉢受皿6号 | ¥150 | |
| 6 | F-102 | 鉢受皿8号 | ¥250 | |
| 7 | P-101 | 2段スタンド | ¥1,200 | |
| 8 | P-102 | 3段スタンド | ¥2,000 | |

明細書　商品　⊕　準備完了

**列番号1**　**列番号2**　**列番号3**

---

**セルC3の式**

=VLOOKUP(A3, 商品!\$A\$3:\$C\$8, 3, FALSE)
　　　　　①検索値　　　　　②範囲　　　　③列番号　④検索方法

---

ほかのシートのセル範囲をどうやって
引数に入力するの？

シート名をクリックして、セル範囲を
ドラッグするだけだよ。よし、一緒に
やってみよう。

## ●別シートから表引きする

**1** セル B3 に「=VLOOKUP(」と入力

**2** [関数の挿入] をクリック

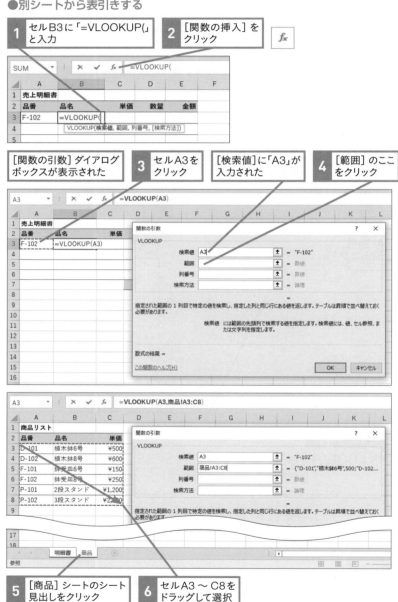

[関数の引数] ダイアログボックスが表示された

**3** セル A3 をクリック

[検索値] に「A3」が入力された

**4** [範囲] のここをクリック

**5** [商品] シートのシート見出しをクリック

**6** セル A3 〜 C8 をドラッグして選択

192

| 7 | `F4` キーを押す | | [範囲] に「商品!$A$3:$C$8」が入力された |

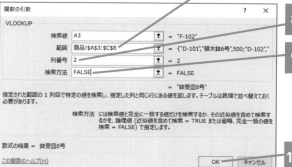

| 8 | [列番号] に「2」と入力 |

| 9 | [検索方法] に「FALSE」と入力 |

関数の引数 ? ×

VLOOKUP

| 検索値 | A3 | = "F-102" |
| 範囲 | 商品!$A$3:$C$8 | = {"D-101","植木鉢6号",500;"D-102"," |
| 列番号 | 2 | = 2 |
| 検索方法 | FALSE | = FALSE |

= "鉢受皿8号"

指定された範囲の 1 列目で特定の値を検索し、指定した列と同じ行にある値を返します。テーブルは昇順で並べ替えておく必要があります。

検索方法 には検索値と完全に一致する値だけを検索するか、その近似値を含めて検索するかを、論理値 (近似値を含めて検索 = TRUE または省略、完全一致の値を検索 = FALSE) で指定します。

数式の結果 = 鉢受皿8号

この関数のヘルプ(H) OK キャンセル

| 10 | [OK] をクリック |

VLOOKUP関数が入力され品名が表示された

| B3 | ▼ : × ✓ fx | =VLOOKUP(A3,商品!$A$3:$C$8,2,FALSE) |

| ▲ | A | B | C | D | E | F | G |
|---|---|---|---|---|---|---|---|
| 1 | 売上明細書 | | | | | | |
| 2 | 品番 | 品名 | | 単価 | 数量 | 金額 | |
| 3 | F-102 | 鉢受皿8号 | | ¥250 | 5 | ¥1,250 | |
| 4 | | | | | | | |
| 5 | | | | | | | |
| 6 | | | | | | | |
| 7 | | | | 合計 | ¥1,250 | | |
| 8 | | | | | | | |

VLOOKUP関数を入力して単価を表示しておく

同じシートでもほかのシートでも、[範囲]をマウスだけで指定できるから便利だね。

ちなみに数字で始まるシート名の場合は「'」(シングルクォーテーション)で囲まれて、「'シート名'!セル番号:セル番号」となるよ。

第4章 Excelの醍醐味 数式と関数で業務を効率化

## ▶VLOOKUP関数のエラーに対処する

セルB3の品名、セルC3の単価、セルE3の金額の数式を4〜6行目に
コピーすると、品番が入力されていない行に「#N/A」のエラーが表示さ
れます。

| ▲ | A | B | C | D | E | F |
|---|---|---|---|---|---|---|
| 1 | 売上明細書 | | | | | |
| 2 | 品番 | 品名 | 単価 | 数量 | 金額 | |
| 3 | F-102 | 鉢受皿8号 | ¥250 | 5 | ¥1,250 | |
| 4 | | #N/A | #N/A | | #N/A | |
| 5 | | #N/A | #N/A | | #N/A | |
| 6 | | #N/A | #N/A | | #N/A | |
| 7 | | | | 合計 | #N/A | |
| 8 | | | | | | |

品名、単価、金額の数式を
6行目までコピーしておく

品番が入力されて
いない行にエラー
が表示される

**エラーが表示されないようにするには、現在入力されている数式を下図の
ようにIF関数と組み合わせます。**数式バーで「=」の後ろに「IF(A3="","",」を
入力し、数式の末尾に「)」を入力すればOKです。

これらの数式では、品番が未入力の場合は空欄にし、入力されている場
合はVLOOKUP関数や金額計算を行っています。「未入力」や「空欄」は、
ダブルクォーテーションを2つ続けて「""」と表現します。なお、引数が
エラーでなくなればSUM関数のエラーも消えます。

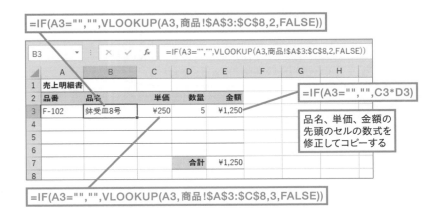

`=IF(A3="","",VLOOKUP(A3,商品!$A$3:$C$8,2,FALSE))`

B3 ▼ : × ✓ fx `=IF(A3="","",VLOOKUP(A3,商品!$A$3:$C$8,2,FALSE))`

`=IF(A3="","",C3*D3)`

品名、単価、金額の
先頭のセルの数式を
修正してコピーする

`=IF(A3="","",VLOOKUP(A3,商品!$A$3:$C$8,3,FALSE))`

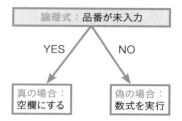

論理式：品番が未入力

YES　　　　NO

真の場合：空欄にする　　偽の場合：数式を実行

エラーも消せたし、これから何度もこの明細書を使い回せるよ！

## STEP UP!

# エラーの種類

数式がエラーになると、エラーの種類に応じて「#」で始まる記号が表示されます。

●主なエラーの種類

| 記号 | 主な原因 |
|---|---|
| #DIV/0! | 「0」または空白のセルで割り算している |
| #N/A | 検索値が見つからない |
| #NULL! | セル範囲の指定や「:」「,」の使い方が間違っている |
| #NAME? | 関数名が間違っている、文字列を「"」で囲み忘れている |
| #NUM! | 指定した数値がExcelで扱える範囲を超えている |
| #REF! | 指定されたセルが削除されているなどして参照できない |
| #VALUE! | 引数の種類が間違っている |

### このLESSONのポイント

- よく使う関数から覚えていくと関数を効率よくマスターできる
- まずはROUNDDOWN関数、IF関数、COUNTIFS関数、SUMIFS関数、VLOOKUP関数を使えるようにしよう

# EPILOGUE

 先輩、先週頼まれた商品別の集計が完了しました！

 ありがとう。どれどれ、SUMIFS関数を使って正しく集計できているね。相対参照と絶対参照の使い分けも完璧だ！

 はい。数式をコピーしたときにずらしたくないセルはしっかり「$」で固定しておきました！

 おや、商品別のデータ数も求めてくれたんだね。

 COUNTIFS関数を使えばすぐですから。SUMIFS関数とほぼ使い方が同じですし。

 そんなに関数を使えるなら、売上伝票の作成も頼めそうだね。

 もちろんです。商品情報の表引きはVLOOKUP関数、エラー対策はIF関数、金額の端数処理はROUNDDOWN関数を使えばバッチリですから。

 ニャーオ（最初は「関数なんてムリ」ってこぼしていたのに、すっかり自信まんまんだね）。

# 第 5 章

# 視覚に訴えるグラフと
# 条件付き書式の活用

# PROLOGUE

 先輩、来週の企画会議の資料を私なりにまとめてみました。

 それは助かるなあ。どれどれ。

 従来品の販売状況やエリア別の動向など、いろいろな視点で数値を表にしました。えっへん！

 ニャーオ（な、なんだ、この数値だらけの表は！？）。

 せっかくだけど、これでは企画のアピールにならないよ。数値がただ羅列されているだけで、言いたいことが伝わらないんだ。

 ニャーオ（もっと数値を可視化しなくちゃ）。

 数値を可視化……。あ、こちらが伝えたいことを相手がイメージできるように、グラフを使うべきだったかも。

 そうだね。グラフにすれば、従来品の売り上げの傾向がひと目で分かるし、エリア間の比較もしやすくなるからね。

 早速グラフ作りに取り組みます！

 企画が通ったら、次の段階で詳しい数値が必要になるから、今回作ってくれた表はそのときに使わせてもらうよ。

LESSON
18

グラフの作成

# グラフを作成するには

 伝えたいことを相手に効果的に伝えるには、グラフ選びが重要だよ。

 見たことがないようなカッコいいグラフを作ってみたい！

 反対だよ。企画を通すには、相手にこちらの意図を読み取ってもらうのが先決。誰もが馴染みのある「棒グラフ」「折れ線グラフ」「円グラフ」から選ぶのが基本だよ。

SECTION
1

## 適材適所のグラフの見せ方

グラフの目的は、順位、推移、内訳などの数値を可視化したり、複数の数値を分かりやすく比較することです。適切なグラフの種類を選ぶことで、伝えたいことを効果的に伝えられます。

**数値の順位を伝えるには、数値を大きい順に並べた棒グラフか円グラフを使います。数値の大きさの比較が重要な場合は「棒」、比率が重要な場合は「円」、という具合に使い分けます。**

●順位を伝える

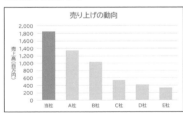

棒グラフ
項目別の順位と数値が
分かりやすい

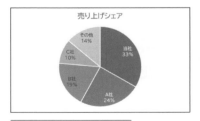

円グラフ
項目別の順位と構成比が
分かりやすい

時間の経過とともに数値がどのように推移したかを見せるには、横軸に日付や年、月などを配置した「折れ線グラフ」が適しています。数値の大きさの変化を重視する場合や時間のデータが少ない場合は、「棒グラフ」を使います。

●推移を伝える

折れ線グラフ
数値の伸びや落ち込みの
変化が分かりやすい

棒グラフ
量の変化が分かりやすい

数値の内訳を伝えるには「円グラフ」を使います。数値が複数系列ある場合は、積み上げ形式（複数の項目を並べて1本の棒を構成する形式）の「棒グラフ」を使うとよいでしょう。項目が多い場合は、下位の項目を「その他」にまとめるとグラフがすっきりします。

●内訳を伝える

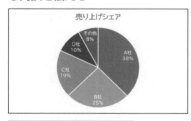

円グラフ
数値の内訳が分かりやすい

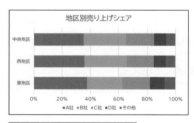

棒グラフ
数値の内訳が分かりやすく
項目間の比較もできる

棒グラフはオールラウンドプレーヤーだね！

うん。棒グラフには縦棒、横棒、積み上げとバリエーションが豊富だから、いろんなシーンで活躍するよ。

Excelでは、1つのグラフに複数のバリエーションが用意されています。例えば円グラフなら、円、3-D円、ドーナツグラフという具合です。棒や折れ線のバリエーションにも3-Dグラフが含まれます。
**3-Dグラフは華やかでインパクトがありますが、数値を正確に表せないという欠点があります。**遠近感の付け方次第で、数値が本来より大きく、または小さく見えてしまうのです。相手の誤解を避けるためにも、3-Dグラフを安易に使わないほうがいいでしょう。

第5章　視覚に訴えるグラフと条件付き書式の活用

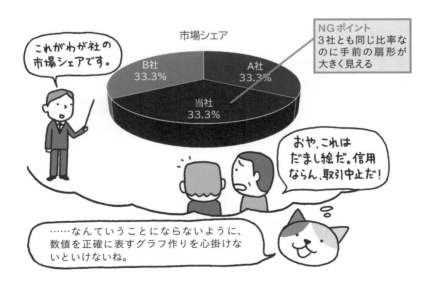

市場シェア

これがわが社の市場シェアです。

B社 33.3%　A社 33.3%　当社 33.3%

NGポイント
3社とも同じ比率なのに手前の扇形が大きく見える

おや、これはだまし絵だ。信用ならん。取引中止だ！

……なんていうことにならないように、数値を正確に表すグラフ作りを心掛けないといけないね。

## 2 グラフを作成してみよう

グラフの作成は2ステップです。グラフの元になるセルを選択して、グラフの種類を選ぶだけです。

### ▶ 縦棒グラフを作成する

練習用ファイル ▶ 18_01.xlsx

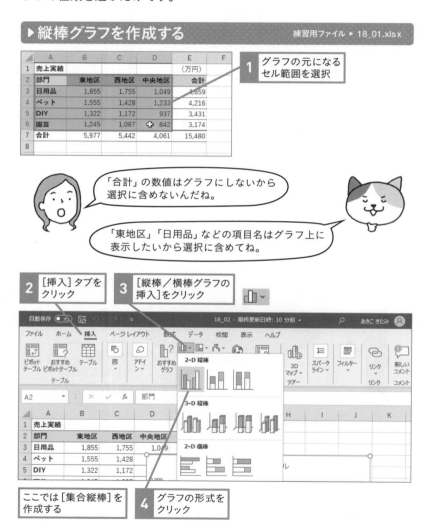

**1** グラフの元になるセル範囲を選択

「合計」の数値はグラフにしないから選択に含めないんだね。

「東地区」「日用品」などの項目名はグラフ上に表示したいから選択に含めてね。

**2** [挿入]タブをクリック

**3** [縦棒／横棒グラフの挿入]をクリック

ここでは[集合縦棒]を作成する

**4** グラフの形式をクリック

グラフが作成された

グラフを選択すると[グラフのデザイン]タブと
[書式]タブが表示される

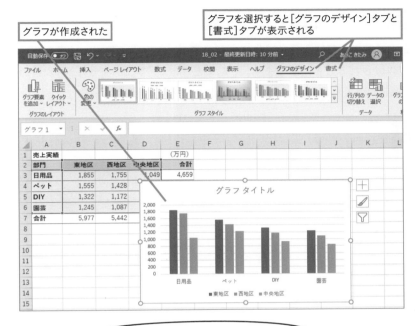

第5章 視覚に訴えるグラフと条件付き書式の活用

[グラフのデザイン]タブと[書式]タブには
グラフの編集用のボタンが並んでるね。

Excelのバージョンによってタブの名前が
少し変わるけど、基本的な機能は同じだよ。

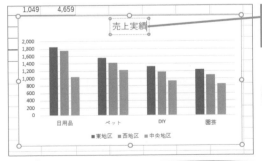

グラフタイトルをクリックして
カーソルを表示し、内容を変
更しておく

グラフの角や枠中央に
ある白丸をドラッグす
るとグラフのサイズを
変更できるね。

グラフの枠の部分をドラッグすると、
グラフを移動できるよ。

## ▶グラフの縦横を入れ替えるには

練習用ファイル ▶ 18_02.xlsx

Excelのグラフは全自動で作成されますが、その際に意図とは違う向きで作成されることがあります。そんなときは[グラフのデザイン]タブの[行/列の入れ替え]ボタンで簡単に入れ替えられます。

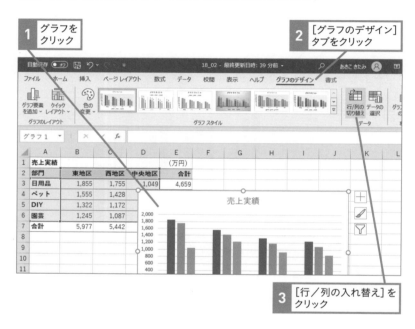

**1** グラフをクリック

**2** [グラフのデザイン]タブをクリック

**3** [行/列の入れ替え]をクリック

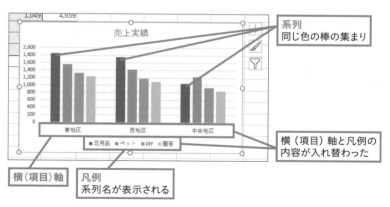

系列
同じ色の棒の集まり

横(項目)軸と凡例の内容が入れ替わった

横(項目)軸

凡例
系列名が表示される

**STEP UP!**

練習用ファイル ▶ 18_STEPUP.xlsx

# 離れたセルからもグラフを作成できる

あらかじめ離れた複数のセル範囲を選択しておけば、選択した範囲から1つのグラフを作成できます。下図では表の1列目と5列目から部門ごとの合計売上を表す円グラフを作成しています。離れたセル範囲をつなげたときに長方形になるように、同じ行数分のセル範囲を選択することがポイントです。

**1** ドラッグして選択

**2** Ctrl キーを押しながらドラッグして選択

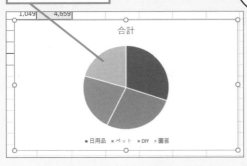

**3** [挿入] タブ - [円またはドーナツグラフの挿入] - [円]をクリック

|  | A | B | C | D | E | F |
|---|---|---|---|---|---|---|
| 1 | 売上実績 |  |  |  | (万円) |  |
| 2 | 部門 | 東地区 | 西地区 | 中央地区 | 合計 |  |
| 3 | 日用品 | 1,855 | 1,755 | 1,049 | 4,659 |  |
| 4 | ペット | 1,555 | 1,428 | 1,233 | 4,216 |  |
| 5 | DIY | 1,322 | 1,172 | 937 | 3,431 |  |
| 6 | 園芸 | 1,245 | 1,087 | 842 | 3,174 |  |
| 7 | 合計 | 5,977 | 5,442 | 4,061 | 15,480 |  |
| 8 |  |  |  |  |  |  |

データは縦方向でも横方向でもOK。例えば、表の1行目と6行目からも作成できるよ。

円グラフが作成された

第5章 視覚に訴えるグラフと条件付き書式の活用

---

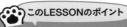

**このLESSONのポイント**

- 数値を可視化するにはグラフが効果的
- 棒、折れ線、円グラフから目的に応じて選ぼう
- グラフは[挿入]タブのボタンから作成できる

## LESSON 19 グラフの編集
# 作りっぱなしの グラフはNG

 早速、企画会議用のグラフ作りに取り掛かろうっと。

 ちょっと待った！　作りっぱなしのグラフじゃ意味が伝わりづらいよ。

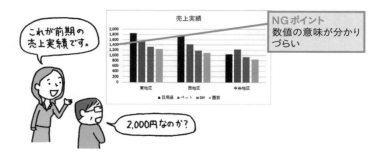

これが前期の売上実績です。

2,000円なのか？

NGポイント
数値の意味が分かりづらい

## SECTION 1 「ラベル」の追加で数値の意味を明確に！

縦軸の数値の意味を明確にするには、「軸ラベル」というグラフ要素をグラフに追加して、数値の説明を入力します。

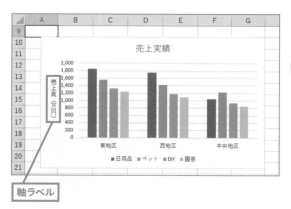

軸ラベル

軸ラベルがあると数値の意味が伝わるね！

## ▶縦軸に軸ラベルを追加する

練習用ファイル ▶ 19_01.xlsx

軸ラベルなどのグラフ要素は、グラフを選択するとグラフの右上に表示される[グラフ要素]ボタンから簡単に追加できます。

●軸ラベルを配置する

**1** グラフをクリック

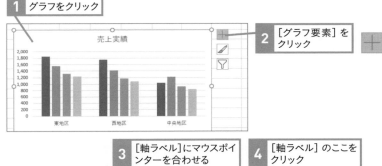

**2** [グラフ要素]を
クリック

**3** [軸ラベル]にマウスポインターを合わせる

**4** [軸ラベル] のここを
クリック

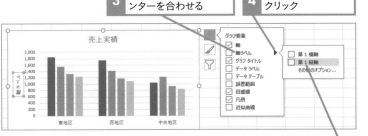

**5** [第1縦軸]を
クリック

縦軸に軸ラベルが
追加された

[グラフ要素] をクリックして
メニューを非表示にしておく

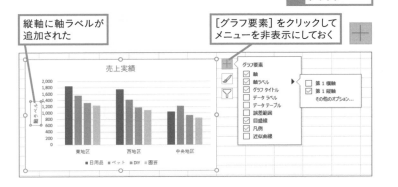

軸ラベルの文字を縦書きに変えましょう。グラフ要素の設定を変更するには［(グラフ要素名)の書式設定］作業ウィンドウを使います。

●軸ラベルを縦書きにする

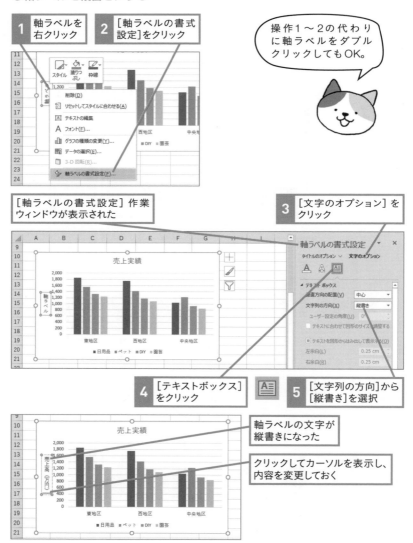

操作1〜2の代わりに軸ラベルをダブルクリックしてもOK。

## ▶折れ線グラフにデータラベルを追加する 練習用ファイル ▶ 19_02.xlsx

複数の系列があるグラフでは、通常系列名を凡例に表示します。しかし、順序の入れ替わりが激しい折れ線グラフでは、折れ線と系列名の対応が分かりづらく、グラフの読み取りが困難です。

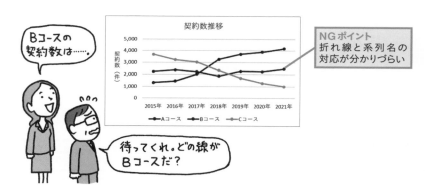

そんなときは、「データラベル」というグラフ要素を使用して、直接折れ線に系列名を表示しましょう。いちいち凡例と見比べなくても済むので、すぐにグラフを読み取れます。

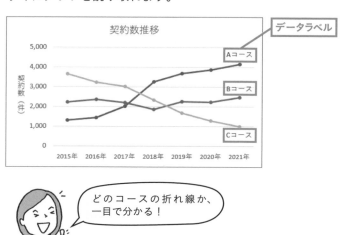

データラベルは、[グラフ要素]ボタンから簡単に挿入できます。あらかじめ、挿入したい位置のマーカー（折れ線上の小さい丸い図形のこと）を選択しておくことがポイントです。

●データラベルを追加する

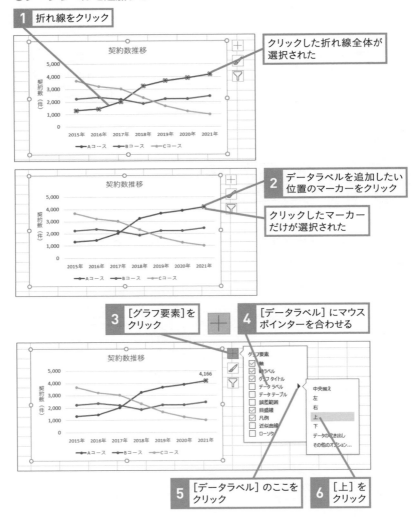

**1** 折れ線をクリック

クリックした折れ線全体が選択された

**2** データラベルを追加したい位置のマーカーをクリック

クリックしたマーカーだけが選択された

**3** [グラフ要素]をクリック

**4** [データラベル]にマウスポインターを合わせる

**5** [データラベル]のここをクリック

**6** [上]をクリック

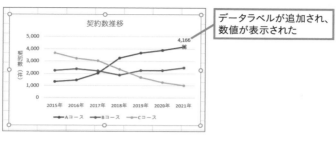

データラベルが追加され、
数値が表示された

どうしてデータラベルを追加する前に
マーカーを選択するの？

選択しておかないと、折れ線上の全部の
マーカーにデータラベルが追加され
ちゃうからさ。

初期設定のデータラベルには数値が表示されるので、系列名に変更する
必要があります。データラベルが白丸の図形で囲まれた状態で設定を進
めてください。

●データラベルに系列名を表示する

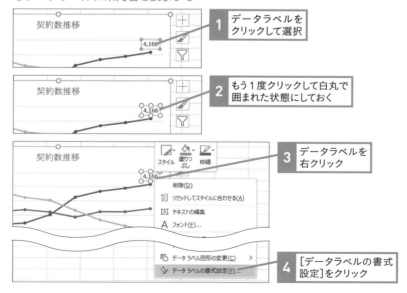

**1** データラベルを
クリックして選択

**2** もう1度クリックして白丸で
囲まれた状態にしておく

**3** データラベルを
右クリック

**4** [データラベルの書式
設定]をクリック

第5章 視覚に訴えるグラフと条件付き書式の活用

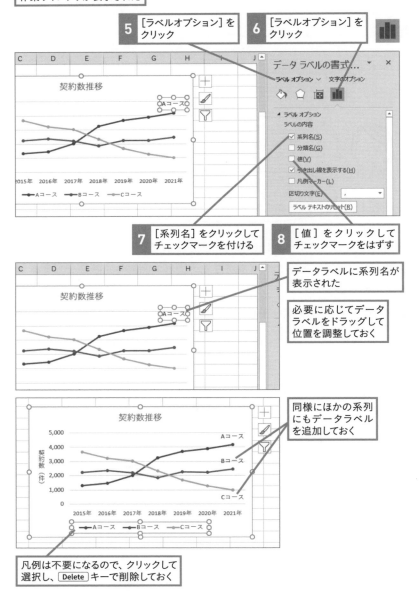

[データラベルの書式設定]
作業ウィンドウが表示された

**5** [ラベルオプション] を
クリック

**6** [ラベルオプション] を
クリック

データ ラベルの書式...

ラベル オプション ∨ 文字のオプション

▲ ラベル オプション

ラベルの内容

☑ 系列名(S)
☐ 分類名(G)
☐ 値(V)
☑ 引き出し線を表示する(H)
☐ 凡例マーカー(L)
区切り文字(E)
ラベル テキストのリセット(R)

契約数推移

Aコース

2015年 2016年 2017年 2018年 2019年 2020年 2021年

Aコース Bコース Cコース

**7** [系列名] をクリックして
チェックマークを付ける

**8** [ 値 ] をクリックして
チェックマークをはずす

データラベルに系列名が
表示された

必要に応じてデータ
ラベルをドラッグして
位置を調整しておく

契約数推移

Aコース

同様にほかの系列
にもデータラベル
を追加しておく

契約数推移

5,000
4,000
3,000
2,000
1,000
0

契約数（件）

Aコース
Bコース
Cコース

2015年 2016年 2017年 2018年 2019年 2020年 2021年

Aコース Bコース Cコース

凡例は不要になるので、クリックして
選択し、Delete キーで削除しておく

# 棒グラフにデータラベルを追加するには

［グラフ要素］ボタンから［データラベル］を追加すると、棒の上に数値が表示されます。あらかじめ何を選択していたかによって、データラベルが追加される棒が決まります。

## ●すべての棒に追加する

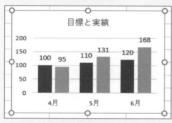

> グラフの無地の部分をクリックしてグラフ全体を選択してからデータラベルを追加すると、すべての棒に表示される

## ●特定の系列の棒に追加する

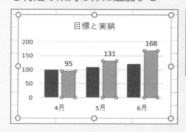

> 棒を1回クリックすると、同じ系列の棒が選択される。その状態でデータラベルを追加すると、選択したすべての棒に表示される

## ●1本の棒だけに追加する

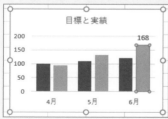

> 棒をゆっくり2回クリックすると、クリックした棒だけが選択される。その状態でデータラベルを追加すると、1本だけに表示される

> あらかじめ何を選択しておくかが設定の決め手だよ！

# [クイックレイアウト]と[グラフスタイル]の活用

[グラフのデザイン]タブにある[クイックレイアウト]には、グラフ要素を組み合わせたパターンが複数登録されています。また、[グラフスタイル]にはグラフ要素とデザインのパターンが複数登録されています。そこから選ぶだけで、グラフの構成を瞬時に変えられます。選択肢にマウスポインターを合わせるとグラフ上にプレビューが表示され、設定後のイメージを確認できます。

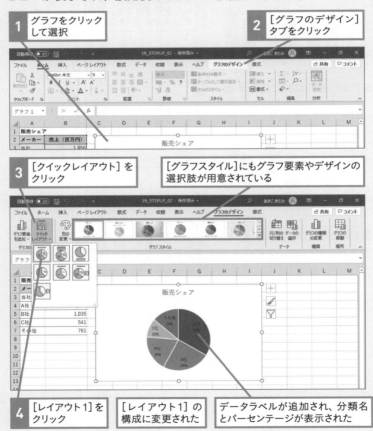

**1** グラフをクリックして選択

**2** [グラフのデザイン]タブをクリック

**3** [クイックレイアウト]をクリック

[グラフスタイル]にもグラフ要素やデザインの選択肢が用意されている

**4** [レイアウト1]をクリック

[レイアウト1]の構成に変更された

データラベルが追加され、分類名とパーセンテージが表示された

SECTION

## 2 数値軸の目盛りを編集したい

 このグラフを見て。折れ線が平坦で今ひとつ説得力に欠けるんだよね。

 縦軸の目盛りを調整すると、数値の変化が分かりやすくなるよ。

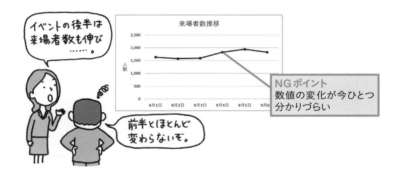

イベントの後半は来場者数も伸び

前半とほとんど変わらないぞ。

**NGポイント**
数値の変化が今ひとつ分かりづらい

第5章 視覚に訴えるグラフと条件付き書式の活用

### ▶ 縦軸の目盛りを調整する

練習用ファイル ▶ 19_03.xlsx

折れ線グラフの縦軸は、必ずしも「0」から始める必要はありません。**目盛りの最小値を調整して折れ線の下側の空間を除去すると、折れ線の変化を大きく見せられるので説得力が高まります。**

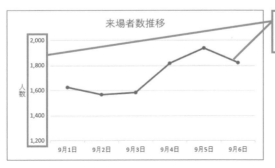

縦軸の目盛りの範囲を調整すると、折れ線の変化を強調できる

## ●目盛りの範囲を調整する

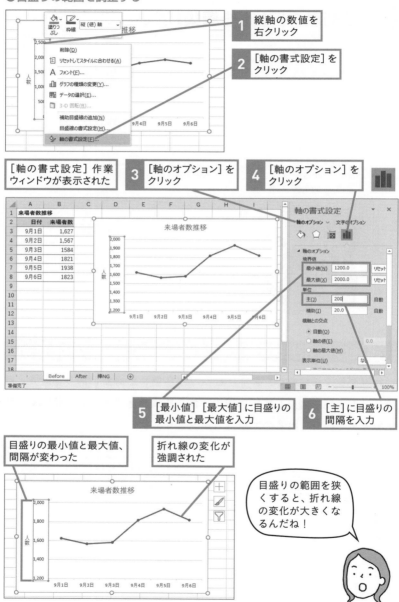

縦軸の数値を
**1** 右クリック

[軸の書式設定] を
**2** クリック

[軸の書式設定] 作業
ウィンドウが表示された

[軸のオプション] を
**3** クリック

[軸のオプション] を
**4** クリック

[最小値] [最大値] に目盛りの
**5** 最小値と最大値を入力

[主] に目盛りの
**6** 間隔を入力

目盛りの最小値と最大値、
間隔が変わった

折れ線の変化が
強調された

目盛りの範囲を狭
くすると、折れ線
の変化が大きくな
るんだね!

## ▶縦棒グラフの下を端折るのはNG！

**折れ線グラフとは反対に、縦棒グラフは目盛りを「0」から始めるのが基本**です。下図の縦棒グラフは、目盛りの最小値を「1,400」にして棒の下部を省略したNG例です。本来の縦棒グラフは棒全体の高さで数値を表すので、このグラフのように棒の下部を省略すると数値を正しく伝えられません。

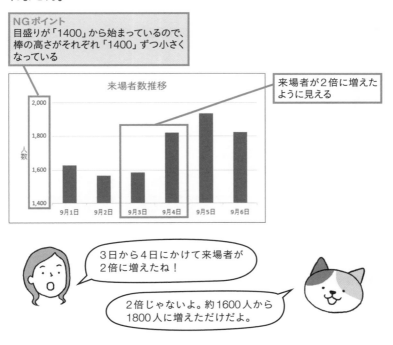

NGポイント
目盛りが「1400」から始まっているので、棒の高さがそれぞれ「1400」ずつ小さくなっている

来場者が2倍に増えたように見える

来場者数推移

3日から4日にかけて来場者が2倍に増えたね！

2倍じゃないよ。約1600人から1800人に増えただけだよ。

折れ線グラフは数値の変化を表すグラフなので、目盛りを「0」から始めなくても問題ありません。一方、棒グラフは数値の大きさを表すグラフなので、数値を正確に表現できるように、目盛りは必ず「0」から始めてください。

第5章 視覚に訴えるグラフと条件付き書式の活用

# 見せたいデータを効果的にアピールするには

棒グラフって、棒の数が少ないと寂しい印象になるよね。

棒の太さを太くするといいよ。あと、大事な数値は、棒の色を変えると自然と注目が集まるよ。

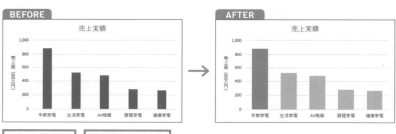

棒を太くしたい　棒の色を変えたい

## ▶棒グラフの棒の太さを変える　　練習用ファイル ▶ 19_04.xlsx

棒の太さを変えるには、[要素の間隔]を設定します。[要素の間隔]とは、棒の太さに対する棒の間隔のことで、0%～500%の範囲で設定できます。数値を小さくするほど間隔が狭くなり、その分だけ棒の太さが太くなります。

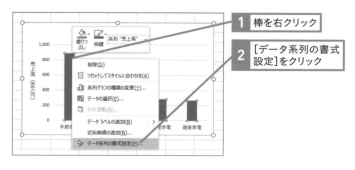

**1** 棒を右クリック

**2** [データ系列の書式設定]をクリック

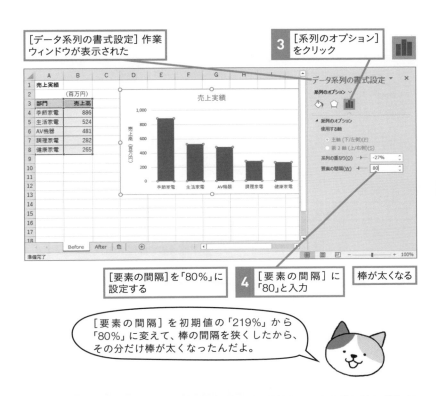

[データ系列の書式設定] 作業ウィンドウが表示された

**3** [系列のオプション]をクリック

[要素の間隔]を「80%」に設定する

**4** [要素の間隔]に「80」と入力

棒が太くなる

[要素の間隔]を初期値の「219%」から「80%」に変えて、棒の間隔を狭くしたから、その分だけ棒が太くなったんだよ。

## ▶棒グラフの棒の色を変える

練習用ファイル ▶ 19_05.xlsx

グラフ要素の色は、[書式]タブの[図形の塗りつぶし]ボタンで変えられます。系列を選択しておくと系列のすべての棒の色が変わり、棒を1本選択しておくと選択した1本だけの色が変わります。**注目を集めたい棒だけ色を変えると効果的です。**

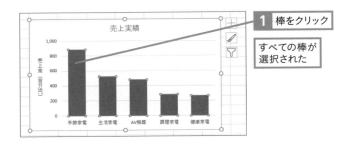

**1** 棒をクリック

すべての棒が選択された

**2** [書式]タブをクリック

**3** [図形の塗りつぶし]の
ここをクリック

**4** 色をクリック

すべての棒の色が変わった

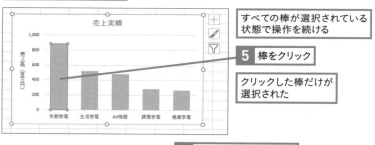

すべての棒が選択されている
状態で操作を続ける

**5** 棒をクリック

クリックした棒だけが
選択された

**6** [図形の塗りつぶし]の
ここをクリック

**7** 色をクリック

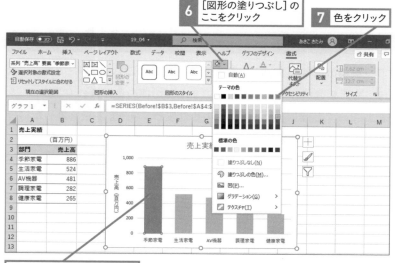

選択した棒だけ色が変わった

「競合他社の中の自社」「全商品の中の
注力商品」など、目立たせたい棒だけ
色を変えると効果的だよ。

全体に薄い色を設定して1本だけ同系色の
濃い色を付けたり、全体に無彩色を設定し
て1本だけ赤くしたりすると人目を引くね。

**STEP UP!**　　　　　　　　　　　練習用ファイル ▶ 19_STEPUP_03.xlsx

# 複数系列の色をまとめて変更する

[グラフスタイル] ボタンを使用すると、選択肢から選ぶだけで、
棒グラフのすべての系列の色を簡単に一括変更できます。

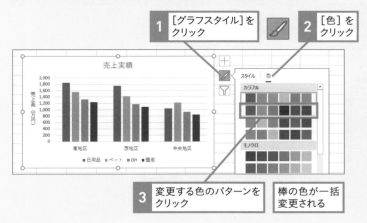

**1** [グラフスタイル]を
クリック

**2** [色]を
クリック

**3** 変更する色のパターンを
クリック

棒の色が一括
変更される

🐾 **このLESSONのポイント**

- 軸ラベルやデータラベルを追加してグラフを分かりやすくしよう
- 縦軸の目盛りを調整して折れ線の変化を強調しよう
- 棒の太さや色を変えて大事なデータを強調しよう

複合グラフ
# コツさえつかめば
# 複合グラフも怖くない

 あれ!? 売上高と利益率の棒グラフを作ったんだけど、利益率の棒が行方不明になっちゃった!

 売上高と利益率じゃ桁が何万倍も違うからね。そんなときは2軸の複合グラフにするといいよ。

| | A | B | C | D | E | F | G |
|---|---|---|---|---|---|---|---|
| 1 | 業績推移 | | | | | 売上高単位:百万円 | |
| 2 | 項目 | 2016年 | 2017年 | 2018年 | 2019年 | 2020年 | 2021年 |
| 3 | 売上高 | 56,247 | 46,253 | 52,147 | 63,250 | 51,259 | 64,826 |
| 4 | 営業利益率 | 5.2% | 3.5% | 5.0% | 5.2% | 4.7% | 5.3% |
| 5 | | | | | | | |

売上高は「64,826」

利益率は「5.3%」

NGポイント
桁が大きくかけ離れた2種類の数値から棒グラフを作成すると、大きい方の棒(売上高)しか表示されない

練習用ファイル ▶ 20_01.xlsx

## 棒と折れ線の2軸のグラフを作成する

単位や桁が違う2種類の数値をグラフにするときは、2軸の複合グラフを作成すると数値を分かりやすく表示できます。2軸グラフとは、グラフの左右に数値軸があるグラフです。また複合グラフとは、棒と折れ線など複数の種類を一緒に表示するグラフです。

●2軸の複合グラフ

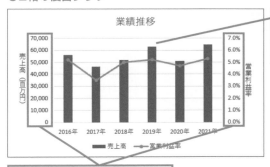

売上高の棒と営業利益率の折れ線を1つのグラフの中に一緒に表示する

グラフの左に売上高の数値軸、右に営業利益率の数値軸を表示する

売上高と利益率、それぞれ専用の数値軸があるから、桁の離れた2種類の数値を1つのグラフに表示できるんだね！

## ▶[おすすめグラフ]を利用して複合グラフを作成する

Excelには表に適したグラフを提示してくれる[おすすめグラフ]という機能があります。2軸の複合グラフに適している表であれば、[おすすめグラフ]から簡単に作成できます。

**1** グラフの元になるセル範囲を選択

**2** [挿入]タブをクリック

**3** [おすすめグラフ]をクリック

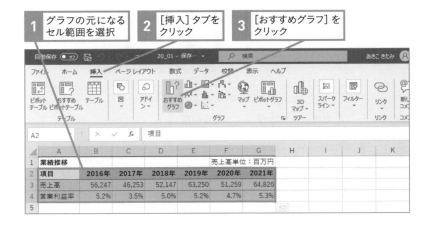

| [グラフの挿入] ダイアログ<br>ボックスが表示された | **4** [おすすめグラフ]<br>タブをクリック |
| --- | --- |

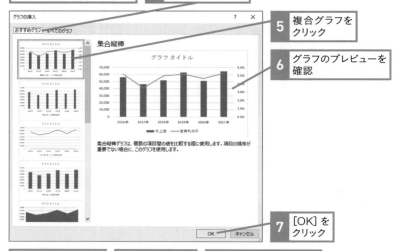

**5** 複合グラフを<br>クリック

**6** グラフのプレビューを<br>確認

**7** [OK] を<br>クリック

| 2軸の複合グラフが<br>作成された | グラフタイトルを<br>入力しておく | 軸ラベルの追加や目盛の<br>範囲の調整をしておく |
| --- | --- | --- |

| | A | B | C | D | E | F | G | H | I | J | K |
| --- | --- | --- | --- | --- | --- | --- | --- | --- | --- | --- | --- |
| 1 | 業績推移 | | | | | 売上高単位：百万円 | | | | | |
| 2 | 項目 | 2016年 | 2017年 | 2018年 | 2019年 | 2020年 | 2021年 | | | | |
| 3 | 売上高 | 56,247 | 46,253 | 52,147 | 63,250 | 51,259 | 64,826 | | | | |
| 4 | 営業利益率 | 5.2% | 3.5% | | | | | | | | |
| 5 | | | | | | | | | | | |

おすすめグラフって、いろんな
グラフを提案してくれるんだね。

どんなグラフを作ればいいか迷ったときに、
おすすめグラフを見てみるのも1つの手だよ。

## ▶手動で複合グラフを作成する

[おすすめグラフ]タブに思い通りのグラフが見つからない場合は、[すべてのグラフ]タブに切り替えて、手動で作成を行いましょう。マーカー付きの折れ線を選んだり、2種類の数値を左右のどちらの縦軸に割り当てるかを設定したりできます。

223ページを参考に[グラフの挿入]
ダイアログボックスを表示しておく

**1** [すべてのグラフ]
タブをクリック

**2** [組み合わせ]
をクリック

第5章 視覚に訴えるグラフと条件付き書式の活用

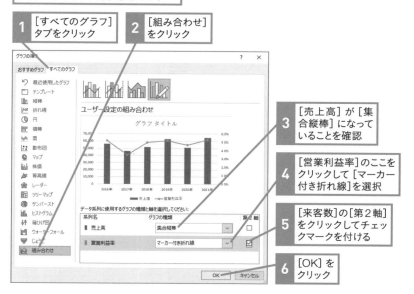

**3** [売上高]が[集合縦棒]になっていることを確認

**4** [営業利益率]のここをクリックして[マーカー付き折れ線]を選択

**5** [来客数]の[第2軸]をクリックしてチェックマークを付ける

**6** [OK]を
クリック

「第2軸」とは、右側の
数値軸のことだよ。

### 🐾 このLESSONのポイント

- 単位や桁が違う2種類の数値をグラフにするときは、2軸の複合グラフを作成する
- 2軸の複合グラフは[グラフの挿入]ダイアログボックスを使って作成できる

# 条件付き書式でデータを効果的に見せる

 企画が通ったら詳しい数値が必要になるって、先輩が言ってたね。

 数値表は、**条件付き書式**を使うと可視化できるよ。

 条件付き書式?

 **条件に当てはまるセルに自動で書式設定する機能**だよ。セルの中に棒グラフを表示したり、特定の条件のセルに色を付けたりできるんだ。

●数値だけの表

| 売上実績 | | | |
|---|---|---|---|
| 分類コード | 商品コード | 前年度売上高 | 今年度売上高 | 対前年比 |

●条件付き書式を使用した表

| 売上実績 | | | |
|---|---|---|---|
| 分類コード | 商品コード | 前年度売上高 | 今年度売上高 | 対前年比 |
| BK | BK-102 | 14,252,534 | 14,202,896 | 100% |
| AL | AL-110 | 6,428,594 | 10,765,185 | 160% |
| BK | BK-103 | 9,584,568 | 9,633,934 | 101% |
| CF | CF-109 | 5,085,188 | 8,072,537 | 159% |
| BK | BK-109 | 8,682,932 | 8,070,389 | 93% |
| BK | BK-106 | 7,297,571 | 7,909,932 | 108% |
| BK | BK-101 | 6,305,076 | 6,052,919 | 96% |
| BK | BK-110 | 5,723,274 | 5,508,790 | 98% |
| AL | AL-101 | 4,806,665 | 4,859,933 | 101% |
| BK | BK-108 | 2,780,920 | 3,017,110 | 132% |
| AL | AL-104 | 2,509,678 | 2,700,882 | 108% |
| CF | CF-106 | 2,696,313 | 2,330,139 | 86% |
| CF | CF-105 | 1,789,547 | 2,273,951 | 174% |
| AL | AL-108 | 2,162,854 | 2,052,505 | 95% |
| AL | AL-102 | 748,843 | 1,624,572 | 217% |
| AL | AL-107 | 2,263,693 | 1,607,644 | 71% |
| CF | CF-101 | 1,787,876 | 1,556,546 | 87% |
| AL | AL-109 | 1,597,980 | 1,530,633 | 96% |
| CF | CF-107 | 1,619,752 | 1,443,701 | 89% |
| BK | BK-105 | 1,803,539 | 1,365,685 | 76% |
| AL | AL-106 | 664,087 | 1,318,439 | 199% |
| BK | BK-104 | 844,822 | 1,367,450 | 162% |
| CF | CF-102 | 1,413,997 | 982,654 | 69% |
| CF | CF-110 | 1,522,172 | 982,265 | 65% |
| AL | AL-103 | 1,223,842 | 940,326 | 77% |
| AL | AL-105 | 1,141,655 | 858,075 | 75% |
| CF | CF-108 | 651,970 | 702,241 | 108% |
| BK | BK-104 | 948,888 | 673,426 | 71% |
| CF | CF-104 | 280,778 | 480,352 | 171% |
| CF | CF-103 | 317,953 | 236,544 | 74% |

数値だけの表より数値の特徴が分かりやすい!

セルの中に棒グラフを表示して、売上高を可視化する

対前年比が150%より大きいセルを自動で塗りつぶす

SECTION

練習用ファイル ▶ 21_01.xlsx

# 1 表の中に簡易グラフを盛り込むには

[条件付き書式]の[データバー]を使用すると、セルの中に数値の大きさ
に応じたバーを表示できます。**ほかのセルの数値と比較しやすくなり、
分かりやすい資料になります。**

**1** 条件付き書式を設定
するセル範囲を選択

ここではコンパクト
な表を使って操作を
説明するね。

**2** [ホーム]タブを
クリック

**3** [条件付き書式]を
クリック

**4** [データバー]にマウス
ポインターを合わせる

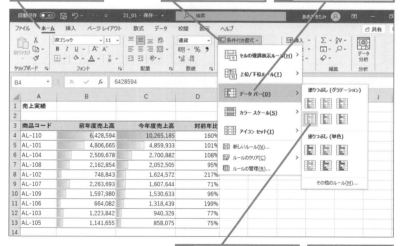

**5** 設定するデータバーの
種類をクリック

セルの中にデータ
バーが表示される

第5章
視覚に訴えるグラフと条件付き書式の活用

# 2 売り上げ好調な商品をパパッと探す

[条件付き書式]の[**セルの強調表示ルール**]を使用すると、「100より大き
い」「100より小さい」「100と200の間」のような条件を設定してセル
に色を付けられます。**大量のデータの中に埋もれている特徴的なデータ
を見逃さずに探せる**ので便利です。また、セルの数値を変更すると自動
で条件判定し直されるので、書式の修正の手間も掛かりません。

●対前年比が「150%」より大きいセルに色を付ける

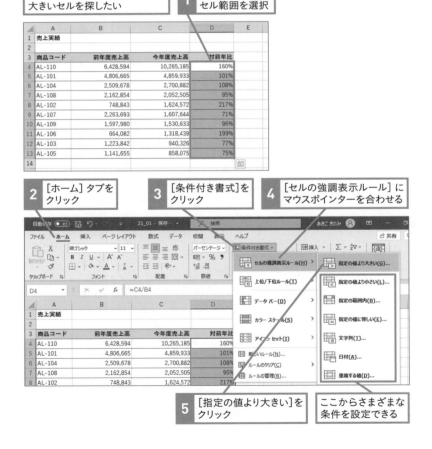

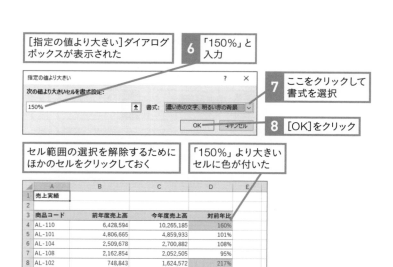

[指定の値より大きい]ダイアログ
ボックスが表示された

**6** 「150%」と
入力

**7** ここをクリックして
書式を選択

**8** [OK]をクリック

セル範囲の選択を解除するために
ほかのセルをクリックしておく

「150%」より大きい
セルに色が付いた

数値を目で探さなくても
いいからラクチン！

条件付き書式を解除するには、セルを選択して、
[ホーム] タブ-[条件付き書式]-[ルールのクリ
ア]-[選択したセルからルールをクリア]をク
リックしてね。

**SECTION**

練習用ファイル ▶ 21_03.xlsx

## 3 条件に合う行全体に色を付ける

「対前年比が150％より大きい行全体に色を付けたい」というときは、条
件を数式で指定します。条件判定の基準となる数値はD列に入力されて
いるので、「$D4」のように列固定の複合参照で指定することがポイント
です。設定する条件式は「=$D4>150%」となります。

## ●対前年比が「150%」より大きい行に色を付ける

条件付き書式を設定する
セル範囲を選択しておく

1 [ホーム] タブを
クリック

2 [条件付き書式]を
クリック

3 [新しいルール] を
クリック

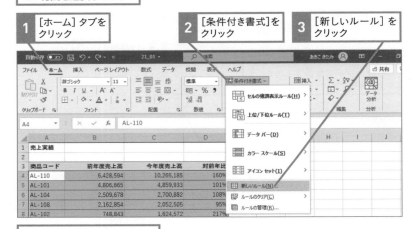

[新しい書式ルール]ダイアログ
ボックスが表示された

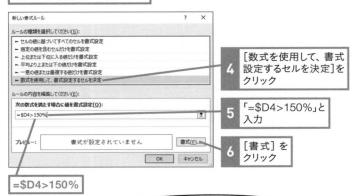

4 [数式を使用して、書式
設定するセルを決定]を
クリック

5 「=$D4>150%」と
入力

6 [書式] を
クリック

=$D4>150%

条件式は、アクティブセル（ここではセル
A4）に対する条件を指定すること。行番号
の「4」は相対参照だから、それぞれの行に
応じた条件判定が行われるよ。

「D」は絶対参照だから、どのセルでも
必ず「対前年比」が条件の対象になるね。

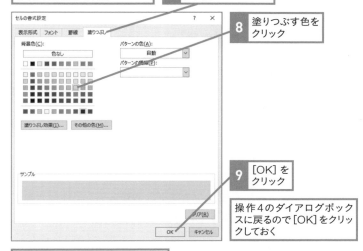

[セルの書式設定] ダイアログ
ボックスが表示された

**7** [塗りつぶし] タブを
クリック

**8** 塗りつぶす色を
クリック

**9** [OK] を
クリック

操作4のダイアログボック
スに戻るので[OK]をクリッ
クしておく

セル範囲の選択を解除するために
ほかのセルをクリックしておく

| | A | B | C | D | E |
|---|---|---|---|---|---|
| 1 | 売上実績 | | | | |
| 2 | | | | | |
| 3 | 商品コード | 前年度売上高 | 今年度売上高 | 対前年比 | |
| 4 | AL-110 | 6,428,594 | 10,265,185 | 160% | |
| 5 | AL-101 | 4,806,665 | 4,859,933 | 101% | |
| 6 | AL-104 | 2,509,678 | 2,700,882 | 108% | |
| 7 | AL-108 | 2,162,854 | 2,052,505 | 95% | |
| 8 | AL-102 | 748,843 | 1,624,572 | 217% | |
| 9 | AL-107 | 2,263,693 | 1,607,644 | 71% | |
| 10 | AL-109 | 1,597,980 | 1,530,633 | 96% | |
| 11 | AL-106 | 664,082 | 1,318,439 | 199% | |
| 12 | AL-103 | 1,223,842 | 940,326 | 77% | |
| 13 | AL-105 | 1,141,655 | 858,075 | 75% | |
| 14 | | | | | |

対前年比が「150%」より大きい
行全体に色が付いた

行のデータを目で追いやすくなるね。

**🐾 このLESSONのポイント**

- データバーを使うと、セルの中に棒グラフを表示できる
- セルの強調表示ルールを使うと、条件に合うセルに書式を自動表示できる
- 条件を数式で指定することも可能

第5章 視覚に訴えるグラフと条件付き書式の活用

231

# EPILOGUE

 先輩、見てください。説得力のあるグラフができました！

 ありがとう。軸ラベルやデータラベルも入って、分かりやすいグラフに仕上がっているね。

 ニャーオ（作りっぱなしのグラフはNGだもんね）。

 企画が通ったあとに必要になる詳細な数値表も、条件付き書式を使って可視化しておきました！

 通ったあとの資料まで整えてもらったら、負けるわけにはいかないな。

 先輩の企画が通るといいですね。

 ニャーオ（ボクも応援しているよ）。

# 第 **6** 章

# 最後まで気を抜かずに データの印刷と配布

できました！

ありがとう！

# PROLOGUE

 おや、書類を派手にばらまいちゃったね。はい、こっちに1枚。

 ありがとうございます。……どうしよう、並べる順序が分からなくなっちゃいました。とほほ。

 ニャーオ（あちゃ〜、ページ番号を入れなかったの？）。

 一生懸命作った書類も、最後の印刷で気を抜くと台無しだよ。2ページ以上ある書類なら、ページ番号を入れておかないとね。

 ニャーオ（作った人はパソコンと照らし合わせればいいけど、配布相手はバラバラのページを戻す手段がないからね。）

 栞さんはデータベースも関数もグラフもこなせるんだから、印刷機能をマスターすれば完璧だよ。

 先輩、ありがとうございます！　ガゼン、Excelの印刷に興味が湧いていました！

 Excelの印刷にはいろいろ便利な機能があるから、調べてみるといいよ。

 はい、美しい印刷を目指してがんばります！！

 ニャーオ（一緒にがんばるニャン！）。

**LESSON**
**22**

印刷の基本
# 印刷ミスを徹底ブロック

 表を完璧に作ったのに、いざ印刷すると失敗することがあるんだ。なんでかな?

 Excelの印刷は、画面の表示とは異なることがあるよ。印刷プレビューで印刷イメージを確認できるから、事前のチェックは必須だよ。

**SECTION**
練習用ファイル ▶ 22_01.xlsx
**1** ## 印刷プレビューの確認を忘れずに!

Excelの印刷はワークシートの画面表示とずれることがあります。特に**Excel 2013以前の標準のフォントである「MS Pゴシック」はずれやす**いので、社内で古くから使い回されているブックの印刷は要注意です。印刷を行うときは、印刷プレビューで以下のポイントをチェックしましょう。

## 印刷プレビューのチェックポイント

- 文字の末尾が切れていないか

- 数値や日付が「####」になっていないか

- 図形の位置がずれていないか

- 改ページの位置や余白のバランスは適切か

## ●印刷プレビューを表示する

**1** [ファイル] タブをクリック

操作1～2の代わりに [Ctrl] + [P] キーを押してもいいよ。

**2** [印刷]をクリック

印刷プレビューが表示された

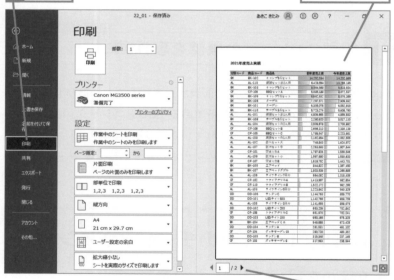

ここをクリックすると次のページが表示される

印刷プレビューで不具合が見つかったときは、◎をクリックしてワークシートに戻り、修正しよう。

文字が欠けたり「####」になった場合は、列の境界線をダブルクリックして列幅を自動調整しよう。調整された幅より広げるのはOKだけど、縮めるのは不具合のもとだよ！

# 2 1列だけはみ出してしまった！

印刷物が少しだけ2ページ目にはみ出してしまうときは、縮小印刷を使うと手軽に1ページに収められます。

印刷プレビューを確認したら、1列だけ
2ページ目に印刷されることが分かった

> 1列だけ、1行だけ
> はみ出しちゃうこ
> とって、よくある
> よね！

第6章 最後まで気を抜かずに データの印刷と配布

印刷プレビューを表示しておく

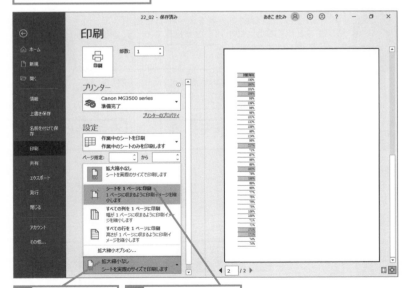

**1** [拡大縮小なし]を
クリック

**2** [シートを1ページに
印刷]をクリック

縮小印刷が自動設定されて、
1ページに収まった

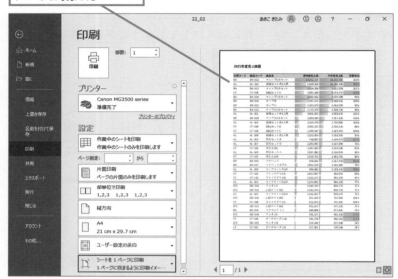

下の①みたいな縦長の表を1ページに縮小
すると、②みたいに小さくなり過ぎちゃう。

そんなときは[すべての列を1ページに印刷]を
選ぶと、③のように見やすく印刷できるよ!

① 拡大縮小なし

② シートを1ページに
印刷

③ すべての列を1ページに
印刷

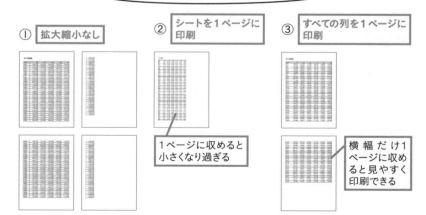

1ページに収めると
小さくなり過ぎる

横幅だけ1
ページに収め
ると見やすく
印刷できる

# STEP UP!

練習用ファイル ▶ 22_STEPUP.xlsx

## 用紙の中央にバランスよく印刷するには

表が用紙の左に偏る場合、[ページ中央] の [水平] をオンにして
印刷すると、用紙の幅に対して中央に印刷できます。

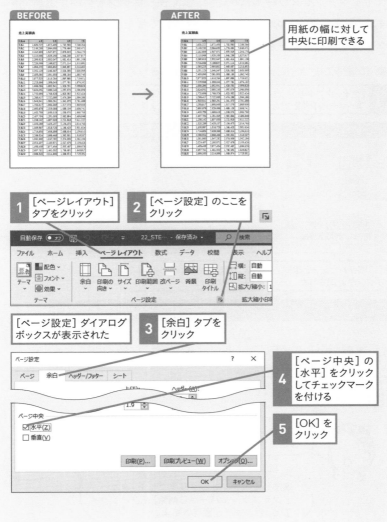

用紙の幅に対して
中央に印刷できる

1 [ページレイアウト]
タブをクリック

2 [ページ設定] のここを
クリック

[ページ設定] ダイアログ
ボックスが表示された

3 [余白] タブを
クリック

4 [ページ中央] の
[水平] をクリック
してチェックマーク
を付ける

5 [OK] を
クリック

第6章 最後まで気を抜かずに データの印刷と配布

239

# 3 印刷プレビューをワンタッチで表示

印刷の調整は、ワークシートの画面と印刷プレビューを行き来しながらの作業になるので、**印刷プレビューをすぐに表示できると効率的**です。クイックアクセスツールバーには、よく使うボタンを自由に追加できます。**印刷プレビューの表示ボタンを追加しておく**と、いつでもワンクリックで印刷プレビューを表示できます。

● ［印刷プレビューと印刷］ボタンを追加する

**1** ［クイックアクセスツールバーのユーザー設定］をクリック

**2** ［印刷プレビューと印刷］をクリック

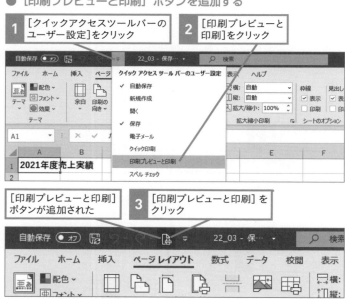

［印刷プレビューと印刷］ボタンが追加された

**3** ［印刷プレビューと印刷］をクリック

［ファイル］タブの［印刷］の画面が表示される

ワンクリックで印刷プレビューを表示できるから便利！

追加したボタンを右クリックして［クイックアクセスツールバーから削除］をクリックすると、ボタンを削除できるよ。

## STEP UP!

# リボンのボタンも追加できる

クイックアクセスツールバーは常時画面に表示されているので、すぐにクリックできて便利です。リボンのボタンを追加するには、以下のように操作します。

ここでは［おすすめグラフ］
ボタンを追加する

**1** ［挿入］タブを
クリック

**2** ［おすすめグラフ］を
右クリック

**3** ［クイックアクセスツール
バーに追加］クリック

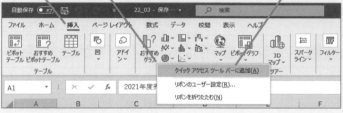

［おすすめグラフ］ボタンが
追加された

リボンはタブの切り替えが面倒だけど、クイックアクセスツールバーならいつでもワンクリックでカンタン！

第6章　最後まで気を抜かずに　データの印刷と配布

🐾 このLESSONのポイント

- 印刷する前に必ず印刷プレビューを確認しよう
- 2ページ目に少しだけはみ出る場合は縮小印刷を設定しよう
- クイックアクセスツールバーに［印刷プレビューと印刷］ボタンを追加すると、印刷の画面をワンクリックで表示できる

## LESSON 23
複数ページの印刷
# 配布のための印刷マナー

 先輩も言ってたけど、複数ページの書類はページ番号を振って渡すのが配布先へのマナーだよ。

 「資料の〇ページを参照してください」って説明するときにも、ページ番号は必要だよね。

 複数ページの印刷に欠かせない機能を紹介するね。

SECTION

練習用ファイル ▶ 23_01.xlsx

## 1 複数ページの書類はページ番号が絶対条件

複数ページの印刷物は、ページ番号を入れるようにしましょう。「**ページレイアウトビュー**」という表示モードに切り替えるとページの余白が表示されるので、ページ番号を分かりやすく設定できます。

●ページレイアウトビューに切り替える

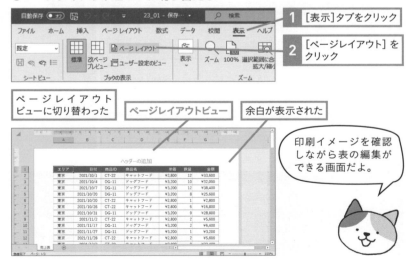

1 [表示]タブをクリック

2 [ページレイアウト]をクリック

ページレイアウトビューに切り替わった

ページレイアウトビュー

余白が表示された

印刷イメージを確認しながら表の編集ができる画面だよ。

ヘッダー（上余白）とフッター（下余白）には入力欄が3個所ずつあり、自由に文字を入力できます。ヘッダーをクリックするとヘッダーの編集モードになり、［ヘッダーとフッター］タブが表示されます。ページ番号は［ページ番号］ボタン、総ページ数は［ページ数］ボタンで設定します。ここではヘッダーの左側に表タイトル、右側に「ページ番号/総ページ数」を設定します。

●表タイトルとページ番号を設定する

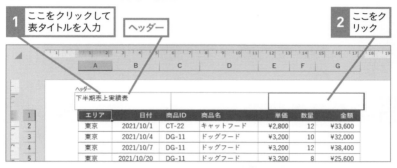

**1** ここをクリックして表タイトルを入力　ヘッダー

**2** ここをクリック

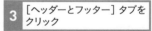

**3** ［ヘッダーとフッター］タブをクリック

**4** ［ページ番号］をクリック

ページ番号が挿入された

**5** 「/」と入力

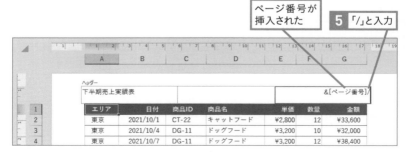

**6** [ページ数]を
クリック

総ページ数が
挿入された

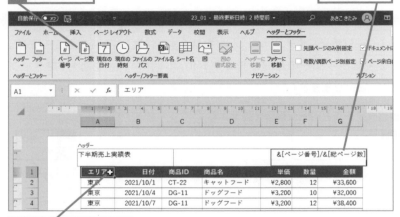

ヘッダー
下半期売上実績表　　　　　　　　　　　　　&[ページ番号]/&[総ページ数]

| エリア＋ | 日付 | 商品ID | 商品名 | 単価 | 数量 | 全額 |
|---|---|---|---|---|---|---|
| 東京 | 2021/10/1 | CT-22 | キャットフード | ¥2,800 | 12 | ¥33,600 |
| 東京 | 2021/10/4 | DG-11 | ドッグフード | ¥3,200 | 10 | ¥32,000 |
| 東京 | 2021/10/7 | DG-11 | ドッグフード | ¥3,200 | 12 | ¥38,400 |

**7** ページ番号を確認する
ためにセルを選択

［ヘッダー／フッター］タブには
印刷日を自動表示する［現在の日
付］ボタンもあるね。

ヘッダーの編集モードが
解除された

ページ番号が「1/3」の
形式で表示された

下半期売上実績表　　　　　　　　　　　　　　　　　　1/3

| エリア | 日付 | 商品ID | 商品名 | 単価 | 数量 | 全額 |
|---|---|---|---|---|---|---|
| 東京 | 2021/10/1 | CT-22 | キャットフード | ¥2,800 | 12 | ¥33,600 |
| 東京 | 2021/10/4 | DG-11 | ドッグフード | ¥3,200 | 10 | ¥32,000 |
| 東京 | 2021/10/7 | DG-11 | ドッグフード | ¥3,200 | 12 | ¥38,400 |

［表示］タブの［標準］をクリックして
表示モードを戻しておく

標準

ヘッダーに入力した文字は、［ホーム］タブのボタンを
使ってフォントや太字を設定できるよ。

練習用ファイル ▶ 23_02.xlsx

SECTION

# 2 区切りのよい位置で改ページ

区切りのよい位置で改ページすると、見やすい資料になります。「改ページプレビュー」という表示モードを使うと、**画面上に印刷範囲のセルだけが表示され、改ページの位置を分かりやすく調整できます。**

●改ページプレビューに切り替える

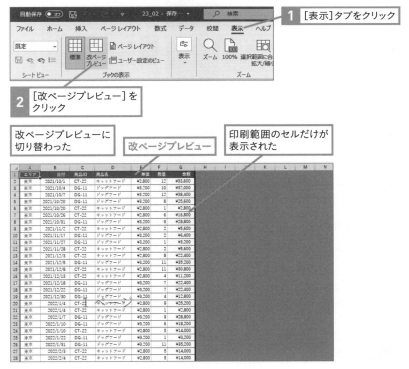

改ページプレビューでは、ページの境目に青い区切り線が引かれます。それをドラッグすると、簡単に改ページの位置を調整できます。なお、次ページにはみ出している列や行を前ページに含めた場合、自動的に縮小印刷の設定が行われます。

●改ページの位置を変更する

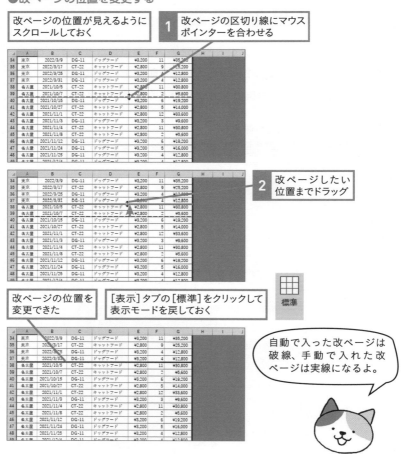

改ページの位置が見えるように
スクロールしておく

**1** 改ページの区切り線にマウス
ポインターを合わせる

**2** 改ページしたい
位置までドラッグ

改ページの位置を
変更できた

[表示]タブの[標準]をクリックして
表示モードを戻しておく

標準

自動で入った改ページは
破線、手動で入れた改
ページは実線になるよ。

### STEP UP!

# 改ページを追加するには

改ページを新規に追加したい場合は、新しいページの先頭にあたる
セルを選択して、[ページレイアウト]タブの[改ページ]-[改ペー
ジの挿入]をクリックします。

## STEP UP!

練習用ファイル ▶ 23_STEPUP_01.xlsx

# 印刷範囲の調整もできる

改ページプレビューでは、印刷範囲を囲む青い実線をドラッグすることで、印刷範囲の設定も行えます。

改ページプレビューを
表示しておく

**1** 印刷範囲の境界線にマウス
ポインターを合わせる

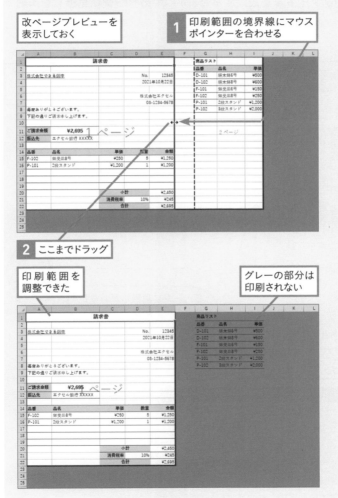

**2** ここまでドラッグ

印刷範囲を
調整できた

グレーの部分は
印刷されない

第6章　最後まで気を抜かずに　データの印刷と配布

練習用ファイル ▶ 23_03.xlsx

# 2ページ目以降も見出しを付けて印刷する

複数ページに渡る縦長の表を印刷すると、2ページ目以降に見出しが表示されないので、何のデータなのかが分かりづらくなります。このようなときは**印刷タイトル**を設定すると、すべてのページに見出しを印刷できます。

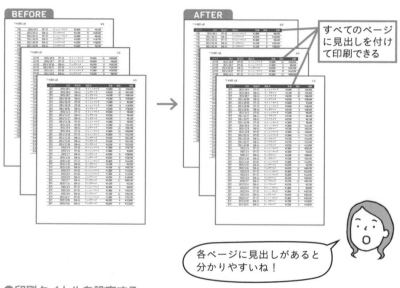

すべてのページに見出しを付けて印刷できる

各ページに見出しがあると分かりやすいね！

●印刷タイトルを設定する

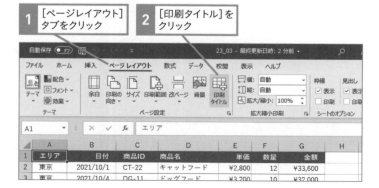

| 1 | [ページレイアウト]タブをクリック | 2 | [印刷タイトル]をクリック |

[ページ設定]ダイアログボックスの
[シート]タブが表示された

**3** [タイトル行]を
クリック

印刷プレビューの画面か
ら[ページ設定]ダイアロ
グボックスを表示するこ
ともできるけど、その場
合は印刷タイトルを設定
できないから注意してね。

**4** 見出しの行番号を
クリック

行番号が設定
された

**5** [OK]を
クリック

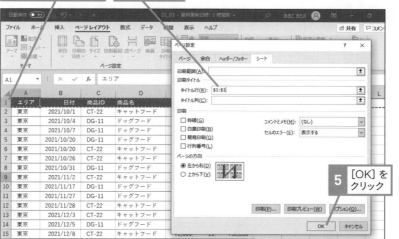

## STEP UP!

# [タイトル行]に複数の行を設定できる

表の上にタイトルが入力されているワークシートで、タイトルと列
見出しなど、複数の行を全ページに印刷したいことがあります。そ
の場合は、操作4で行番号をドラッグして[行タイトル]に設定し
てください。

# PDFファイルに変換して配布する

Excelで作成した資料をメールなどに添付して渡したいことがあります。しかしブックのまま渡すと、相手がExcelを持っていない場合に内容を確認できません。そんなときは、PDFファイルに変換して渡しましょう。PDFファイルは、印刷イメージをファイルとして保存したものです。PDFファイルを開く「Adobe Acrobat Reader」というアプリは無料で入手できるので、誰でもすぐにファイルを開けます。また、PDFファイルは簡単に編集できないので、改ざんを防ぐ目的でもブックのまま渡すより適しています。

●PDFファイルに変換する

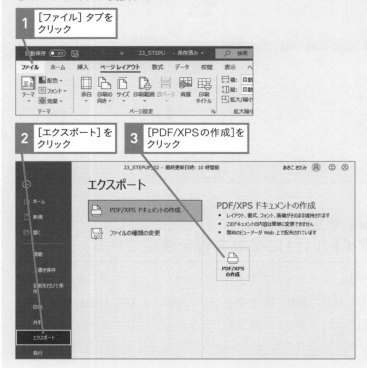

**1** [ファイル] タブをクリック

**2** [エクスポート]をクリック

**3** [PDF/XPSの作成]をクリック

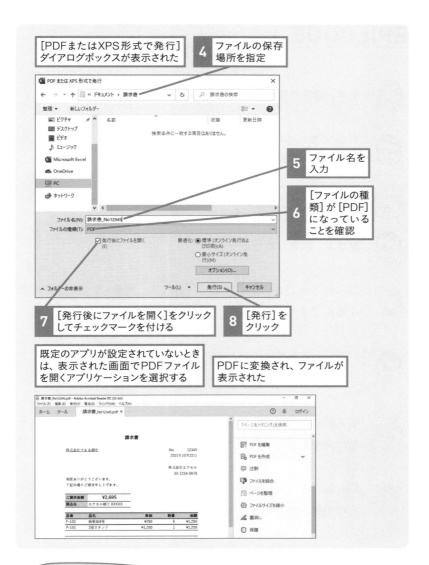

[PDFまたはXPS形式で発行]
ダイアログボックスが表示された

**4** ファイルの保存
場所を指定

**5** ファイル名を
入力

**6** [ファイルの種
類] が [PDF]
になっている
ことを確認

**7** [発行後にファイルを開く]をクリック
してチェックマークを付ける

**8** [発行]を
クリック

既定のアプリが設定されていないとき
は、表示された画面でPDFファイル
を開くアプリケーションを選択する

PDFに変換され、ファイルが
表示された

第6章 最後まで気を抜かずに データの印刷と配布

🐾 **このLESSONのポイント**

- 複数ページの書類にはページ番号を振ろう
- 区切りのよい位置で改ページを入れると見やすい書類になる
- 2ページ目以降にも見出しを印刷すると分かりやすい

# EPILOGUE

 先輩、明日の営業用の資料を印刷しておきました。

 ページ番号はOK。列見出しも全ページに印刷してくれたんだね。改ページの位置もいいね！

 栞ちゃん、成長したね！　ボクのLESSONは卒業だよ！

 栞さん、卒業おめでとう！

 ありがとうございます！　……あれ？　先輩、ミケの言葉が分かるんですか？？

 ハハハ、気を付けていたのにバレちゃったね。実は僕もミケのLESSONの卒業生なんだ。

 新人時代、Excelが苦手でしょぼくれていたところに、ボクが助け舟を出したのさ。いつもおやつをくれるお礼にね！

 私と同じ！？　Excelのプロフェッショナルのような先輩にそんな過去があったなんて！

 ボクのLESSONは終わるけど、Excelには業務に役立つ機能がまだたくさんあるよ。これからもExcelを楽しく勉強してね。

  了解！　ミケ先生、改めましてありがとう！！

# INDEX

## タ

## ナ

## ハ

## マ

## ヤ

## ラ

## ワ

■著者

# きたみあきこ

東京都生まれ、神奈川県在住。テクニカルライター。お茶の水女子大学理学部化学科卒。大学在学中に、分子構造の解析を通してプログラミングと出会う。プログラマー、パソコンインストラクターを経て、現在はコンピューター関係の雑誌や書籍の執筆を中心に活動中。近著に『できるExcelパーフェクトブック 困った！＆便利ワザ大全 Office 365/2019/2016/2013/2010対応』『できる イラストで学ぶ 入社1年目からのExcel VBA』（以上、インプレス）、『極める。Excel デスクワークを革命的に効率化する[上級]教科書』（翔泳社）などがある。

**本書のご感想をぜひお寄せください**
https://book.impress.co.jp/books/1121101031

読者登録サービス
CLUB impress
アンケート回答者の中から、抽選で図書カード（1,000円分）などを毎月プレゼント。
当選者の発表は賞品の発送をもって代えさせていただきます。
※プレゼントの賞品は変更になる場合があります。

**STAFF**

| | |
|---|---|
| カバー・本文デザイン | 吉村朋子 |
| カバー・本文イラスト | 坂木浩子 |
| 編集協力 | 松本花穂 |
| デザイン制作室 | 今津幸弘<imazu@impress.co.jp> |
| | 鈴木　薫<suzu-kao@impress.co.jp> |
| 制作担当デスク | 柏倉真理子<kasiwa-m@impress.co.jp> |
| 編集・制作 | 高木大地・今井　孝 |
| 編集 | 高橋優海<takah-y@impress.co.jp> |
| 編集長 | 藤原泰之<fujiwara@impress.co.jp> |

本書は、Microsoft 365のExcelを使ったパソコンの操作方法について、2021年8月時点での情報を掲載しています。紹介しているソフトウェアやサービスの使用法は用途の一例であり、すべての製品やサービスが本書の手順と同様に動作することを保証するものではありません。本書発行後に仕様が変更されたソフトウェアやサービスの内容に関するご質問にはお答えできない場合があります。該当書籍の奥付に記載されている初版発行日から3年が経過した場合、もしくは該当書籍で紹介している製品やサービスの提供会社によるサポートが終了した場合は、ご質問にお答えしかねる場合があります。また、以下のご質問にはお答えできません。

・書籍に掲載している手順以外のご質問
・ソフトウェア、サービス自体の不具合に関するご質問

本書の利用によって生じる直接的または間接的被害について、著者ならびに弊社では一切の責任を負いかねます。あらかじめご了承ください。

**■商品に関する問い合わせ先**

このたびは弊社商品をご購入いただきありがとうございます。本書の内容などに関するお問い合わせは、下記のURLまたはQRコードにある問い合わせフォームからお送りください。

**https://book.impress.co.jp/info/**

上記フォームがご利用頂けない場合のメールでの問い合わせ先
info@impress.co.jp

※お問い合わせの際は、書名、ISBN、お名前、お電話番号、メールアドレス に加えて、「該当するページ」と「具体的なご質問内容」「お使いの動作環境」を必ずご明記ください。なお、本書の範囲を超えるご質問にはお答えできないのでご了承ください。

●電話やFAX でのご質問には対応しておりません。また、封書でのお問い合わせは回答までに日数をいただく場合があります。あらかじめご了承ください。
●インプレスブックスの本書情報ページ https://book.impress.co.jp/books/1121101031 では、本書のサポート情報や正誤表・訂正情報などを提供しています。あわせてご確認ください。

**■落丁・乱丁本などの問い合わせ先**
TEL 03-6837-5016  FAX 03-6837-5023
service@impress.co.jp
（受付時間／10:00～12:00, 13:00～17:30土日祝祭日を除く）
※古書店で購入された商品はお取り替えできません。

**■書店／販売会社からのご注文窓口**
株式会社インプレス 受注センター
TEL 048-449-8040
FAX 048-449-8041

# できる イラストで学ぶ 入社1年目からのExcel

2021年9月11日  初版発行

著者　　きたみあきこ & できるシリーズ編集部
発行人　小川 亨
編集人　高橋隆志
発行所　株式会社インプレス
　　　　〒101-0051　東京都千代田区神田神保町一丁目105番地
　　　　ホームページ　https://book.impress.co.jp/

印刷所　株式会社廣済堂
ISBN978-4-295-01259-7 C3055
Printed in Japan